# Creo 8.0 机械设计教程

主　编　李少坤　马　丽

副主编　黄继刚　张玉林

清华大学出版社

北　京

# 内 容 简 介

本书从初学者角度出发，通过大量的机械设计实例，详细介绍了 Creo Parametric 8.0 中文版软件的基本功能。全书共分为 9 章，分别介绍了 Creo Parametric 8.0 入门、二维草绘、基础实体特征、基准特征、工程特征、实体特征的编辑、修饰特征与扭曲特征、装配、工程图的绘制等知识。

本书主题明确、讲解详细，紧密结合工程实际，实用性强，适合作为计算机辅助设计课程的教材和零基础 CAD 爱好者自学入门用书。

**图书在版编目（CIP）数据**

Creo8.0 机械设计教程/李少坤，马丽主编．—北京：清华大学出版社，2022.11
ISBN 978-7-302-62105-8

Ⅰ．①C… Ⅱ．①李… ②马… Ⅲ．①机械设计－计算机辅助设计－应用软件－教材
Ⅳ．①TH122

中国版本图书馆 CIP 数据核字（2022）第 198313 号

责任编辑：邓　艳
封面设计：秦　丽
版式设计：文森时代
责任校对：马军令
责任印制：宋　林

出版发行：清华大学出版社
　　　　　网　　　址：http://www.tup.com.cn，http://www.wqbook.com
　　　　　地　　　址：北京清华大学学研大厦 A 座　　　　邮　　编：100084
　　　　　社 总 机：010-83470000　　　　　　　　　　　邮　　购：010-62786544
　　　　　投稿与读者服务：010-62776969，c-service@tup.tsinghua.edu.cn
　　　　　质 量 反 馈：010-62772015，zhiliang@tup.tsinghua.edu.cn
印 装 者：北京嘉实印刷有限公司
经　　销：全国新华书店
开　　本：185mm×260mm　　　印　　张：13.25　　　字　　数：308 千字
版　　次：2022 年 11 月第 1 版　　　　　　　　　　　印　　次：2022 年 11 月第 1 次印刷
定　　价：59.80 元

产品编号：099051-01

# 前　言

2021 年，PTC 发布了 Creo 计算机辅助设计（CAD）软件第八版。Creo 8.0 可通过扩展 Creo 基于模型的定义（MBD）、创成式设计和 Ansys 支持的仿真功能来提高用户的效率，广泛应用于机械设计、汽车、航空、航天、电子、模具等行业。

目前市面上关于 Creo 系列的教材很多，不少教材的内容试图囊括 Creo 软件的所有功能，最终却导致教材内容宽而不精，重点不突出。不少学生学习 Creo 很长时间后，似乎感觉还没有入门，不能够将它有效地应用到实际的设计工作中。造成这种困惑的一个重要原因是：在学习 Creo 时，对于软件功能、命令的理解一知半解，难以灵活应用。有的学生则是过多地注重软件的功能，而忽略了实战操作的锻炼和设计经验的积累等。事实上，一本好的 Creo 教程，除要介绍软件的基本功能之外，还应结合典型实例和设计经验来介绍应用知识与使用技巧等，并兼顾设计思路和实战性。

本书以 Creo Parametric 8.0 中文版作为软件蓝本，结合大量的机械设计实例来详细讲解 Creo Parametric 的知识要点，让学生在学习案例的过程中潜移默化地掌握 Creo Parametric 的操作技巧，培养学生的机械设计实践能力。因此，本书适用于机械专业零基础 CAD 学生和有一定基础的工程技术人员使用。全书共分为 9 章，每一章的主要内容介绍如下。

第 1 章介绍的内容主要包括 Creo 8.0 概述、Creo Parametric 8.0 用户界面、文件管理、Creo Parametric 8.0 视图视角的编辑、模型显示样式、窗口的控制以及模型树的管理。

第 2 章主要介绍了草绘器概述、创建基本草绘图元、编辑二维图形、使用截面、尺寸标注、几何约束，并通过一个二维草图综合范例，让读者复习本章所学的一些草绘知识，并掌握二维草图绘制的一般方法、步骤和技巧等。

第 3 章主要介绍了拉伸特征、旋转特征、扫描特征、螺旋扫描特征、混合特征和扫描混合特征。在介绍每个基础特征的时候，都结合典型机械零件的三维建模，使读者掌握软件的应用方法和技巧。

第 4 章主要介绍了基准平面、基准轴、基准点、基准曲线和基准坐标系的相关知识，包括各自基准特征的创建方法。

第 5 章结合典型范例深入浅出地介绍了常用的工程特征，包括倒圆角、倒角（边倒角和拐角倒角）、孔、壳、筋（轮廓筋和轨迹筋）和拔模（基本拔模、可变拔模和分割拔模）等特征。

第 6 章主要介绍了零件设计中常用的编辑操作，包括镜像特征、复制和粘贴、阵列。

第 7 章结合典型的实例介绍了修饰特征中常用的修饰草绘特征、修饰螺纹特征和修饰槽特征，以及扭曲特征中常用的环形折弯特征和骨架折弯特征。

第 8 章主要介绍了装配概述、放置约束、连接装配、镜像元件、阵列元件、重复放置元件、创建爆炸视图和创建装配剖面视图，并分别以轴承座、曲柄连杆机构等典型实例介绍放置约束和连接装配的操作方法及应用技巧。

第 9 章通过实例深入浅出地介绍了工程图的入门基础知识和提高知识，具体包括工程图的创建、工程图环境设置、绘图树、使用绘图页面、视图的创建、工程图标注和绘图表格等。

本书由李少坤、马丽担任主编，黄继刚、张玉林担任副主编。具体编写分工如下：李少坤（武汉工程科技学院）编写第 1、2、3、4 章；马丽（湖北工业大学工程技术学院）编写第 7、8、9 章；黄继刚（南京航空航天大学金城学院）编写第 5 章；张玉林（重庆城市科技学院）编写第 6 章。李少坤负责全书的统稿、定稿工作。

本书由武汉工程科技学院教材建设项目资助，由于笔者水平有限，书中不足之处在所难免，望广大读者批评指正，笔者将不胜感激。

编　者

# 目　　录

第 1 章　Creo Parametric 8.0 简介 ································································· 1

1.1　Creo 8.0 概述 ······················································································ 1

1.2　Creo Parametric 8.0 用户界面 ······························································ 2

1.3　文件的管理 ························································································· 3

    1.3.1　新建文件 ···················································································· 4

    1.3.2　打开文件 ···················································································· 5

    1.3.3　文件管理 ···················································································· 5

1.4　Creo Parametric 8.0 基本操作和视图编辑 ················································ 7

    1.4.1　键盘和鼠标的相关操作 ·································································· 7

    1.4.2　视图编辑 ···················································································· 8

    1.4.3　窗口的控制 ················································································ 10

1.5　模型树的管理 ····················································································· 10

1.6　本章小结 ··························································································· 12

1.7　思考与练习题 ····················································································· 12

第 2 章　二维草绘 ······················································································· 13

2.1　草绘器概述 ························································································· 13

2.2　创建基本草绘图元 ··············································································· 15

    2.2.1　创建构造中心线和基准中心线 ························································ 16

    2.2.2　创建构造坐标系和基准坐标系 ························································ 16

    2.2.3　创建直线 ···················································································· 16

    2.2.4　创建矩形 ···················································································· 17

    2.2.5　创建圆 ······················································································ 18

    2.2.6　创建圆弧 ···················································································· 20

    2.2.7　创建椭圆 ···················································································· 21

    2.2.8　创建样条曲线 ············································································· 22

    2.2.9　创建倒角 ···················································································· 23

    2.2.10　创建圆角 ·················································································· 23

    2.2.11　在草绘器中创建文本 ··································································· 23

　　　2.2.12　从模型边创建几何 ·················································· 25

　　　2.2.13　用偏移边选项创建几何 ·············································· 25

　2.3　编辑二维图形 ·································································· 26

　　　2.3.1　修剪与分割图元 ······················································ 26

　　　2.3.2　镜像几何图元 ························································· 27

　　　2.3.3　平移、缩放和旋转图形 ·············································· 27

　　　2.3.4　剪切、复制和粘贴图形 ·············································· 28

　2.4　使用截面 ······································································ 28

　　　2.4.1　将截面文件导入草绘器 ·············································· 28

　　　2.4.2　从草绘器调色板导入形状图形 ······································ 28

　2.5　尺寸标注 ······································································ 29

　2.6　几何约束 ······································································ 31

　　　2.6.1　使用约束概述 ························································· 31

　　　2.6.2　添加及删除约束 ······················································ 32

　2.7　二维草图综合范例 ···························································· 32

　2.8　本章小结 ······································································ 36

　2.9　思考与练习题 ·································································· 36

第3章　基础实体特征 ··································································· 38

　3.1　拉伸特征 ······································································ 38

　3.2　旋转特征 ······································································ 43

　3.3　扫描特征 ······································································ 49

　　　3.3.1　恒定截面扫描 ························································· 52

　　　3.3.2　可变截面扫描 ························································· 53

　3.4　螺旋扫描特征 ·································································· 57

　3.5　混合特征 ······································································ 60

　3.6　扫描混合特征 ·································································· 64

　3.7　本章小结 ······································································ 70

　3.8　思考与练习题 ·································································· 71

第4章　基准特征 ······································································· 73

　4.1　基准特征概述 ·································································· 73

　4.2　基准平面 ······································································ 73

4.3　基准轴 ················································································· 75

4.4　基准点 ················································································· 76

4.5　基准曲线 ··············································································· 77

　4.5.1　通过点的曲线 ································································· 77

　4.5.2　来自横截面的曲线 ··························································· 79

　4.5.3　来自方程的曲线 ······························································· 80

4.6　基准坐标系 ············································································· 80

4.7　综合实例 ··············································································· 81

4.8　本章小结 ··············································································· 85

4.9　思考与练习题 ··········································································· 86

第5章　工程特征 ············································································· 87

5.1　倒圆角特征 ············································································· 87

5.2　倒角特征 ··············································································· 91

　5.2.1　边倒角 ········································································· 92

　5.2.2　拐角倒角 ······································································· 93

5.3　孔特征 ················································································· 94

　5.3.1　孔的放置参考 ··································································· 94

　5.3.2　孔的放置类型 ··································································· 95

　5.3.3　创建预定义钻孔轮廓的简单直孔 ··············································· 96

　5.3.4　创建使用标准孔轮廓的简单孔 ················································· 98

　5.3.5　创建草绘孔 ····································································· 99

　5.3.6　创建工业标准孔 ······························································· 100

5.4　壳特征 ················································································· 101

5.5　筋特征 ················································································· 103

　5.5.1　轮廓筋 ········································································· 103

　5.5.2　轨迹筋 ········································································· 105

5.6　拔模特征 ··············································································· 107

　5.6.1　基本拔模 ······································································· 107

　5.6.2　可变拔模 ······································································· 108

　5.6.3　分割拔模 ······································································· 109

5.7　本章小结 ··············································································· 111

5.8　思考与练习题 ··········································································· 112

**第6章 实体特征的编辑** ……………………………………………………… 113

6.1 镜像特征 ……………………………………………………………… 113

6.2 复制和粘贴 …………………………………………………………… 115

6.3 阵列 …………………………………………………………………… 118

　　6.3.1 尺寸阵列 ………………………………………………………… 119

　　6.3.2 方向阵列 ………………………………………………………… 120

　　6.3.3 轴阵列 …………………………………………………………… 122

　　6.3.4 填充阵列 ………………………………………………………… 123

6.4 本章小结 ……………………………………………………………… 124

6.5 思考与练习题 ………………………………………………………… 125

**第7章 修饰特征与扭曲特征** ………………………………………………… 126

7.1 修饰草绘 ……………………………………………………………… 126

　　7.1.1 创建规则截面修饰草绘特征 …………………………………… 126

　　7.1.2 创建投影截面修饰特征 ………………………………………… 128

7.2 修饰螺纹 ……………………………………………………………… 129

7.3 修饰槽 ………………………………………………………………… 131

7.4 环形折弯 ……………………………………………………………… 132

7.5 骨架折弯 ……………………………………………………………… 134

7.6 本章小结 ……………………………………………………………… 136

7.7 思考与练习题 ………………………………………………………… 136

**第8章 装配** …………………………………………………………………… 138

8.1 装配概述 ……………………………………………………………… 138

8.2 放置约束 ……………………………………………………………… 140

8.3 连接装配 ……………………………………………………………… 147

8.4 镜像元件 ……………………………………………………………… 151

8.5 阵列元件 ……………………………………………………………… 152

8.6 重复放置元件 ………………………………………………………… 153

8.7 管理装配视图 ………………………………………………………… 154

　　8.7.1 创建分解视图 …………………………………………………… 154

　　8.7.2 创建装配剖面视图 ……………………………………………… 157

8.8 本章小结 ……………………………………………………………… 159

8.9 思考与练习题 ……………………………………………………………… 160

◆ 第 9 章 工程图的绘制 ………………………………………………………… 161

9.1 工程图概述 ……………………………………………………………… 161

9.1.1 新建工程图文件 ……………………………………………… 162

9.1.2 工程图环境设置 ……………………………………………… 163

9.1.3 绘图树 ………………………………………………………… 165

9.1.4 向绘图添加模型 ……………………………………………… 165

9.1.5 使用绘图页面 ………………………………………………… 165

9.2 视图的创建 ……………………………………………………………… 166

9.2.1 轴零件的工程图创建 ………………………………………… 166

9.2.2 托架的工程图创建 …………………………………………… 174

9.2.3 基座的工程图创建 …………………………………………… 180

9.3 工程图标注 ……………………………………………………………… 186

9.4 创建绘图表 ……………………………………………………………… 194

9.5 本章小结 ………………………………………………………………… 197

9.6 思考与练习题 …………………………………………………………… 197

参考文献 ……………………………………………………………………… 199

第 1 章

# Creo Parametric 8.0 简介

## 1.1  Creo 8.0 概述

Creo 是美国 PTC 公司于 2010 年 10 月推出的三维参数化产品设计软件包。它是一款基于全参数化的三维 CAD/CAE/CAM 系统，是一个全方位的三维产品开发软件。该软件集零件设计、钣金件设计、模具设计、产品装配、机构运动仿真、工程制图、数控加工、逆向工程等功能于一体。

2021 年，PTC 推出了最新版本的 Creo 三维计算机辅助设计（CAD）平台 Creo 8.0。

Creo 8.0 通过不断创新来应对不断变化的用户需求，在该版本中，致力于设计出更好的作品，新增了功能完善的 MBD（基于模型定义）和细节设计工具，可帮助用户创建翔实的 CAD 模型，为制造、检查和供应链提供强大依据；增强了仿真和创成式设计，帮助用户利用先进的 CAD 技术，以十足创意进行优质设计，Creo 8.0 先进的创成式设计工具具有自动包络、绘制处理和半径约束功能，变得更为强大；改进了增材制造和减材制造，用户可轻松为增材制造和传统制造优化设计，借助全新的增材制造功能，使用高级晶格结构来充分减轻重量。Creo 8.0 的主要增强功能包括以下 3 个方面。

### 1. 增强现实协作

每个 Creo 许可证都已拥有基于云的 AR 功能，用户可以查看、分享设计，与同事、客户、供应商和整个企业内的相关人员安全地进行协作，还可以随时随地访问自己的设计，Creo 8.0 进一步优化了这些体验。现在，用户可以发布并管理多达 10 个设计作品，控制每个作品的访问权限，还能根据需要轻松地删除旧作品。此外，用户现在还可以发布用于微软 HoloLens 和以二维码形式呈现的作品。像 HoloLens 这样的头戴式视图器可以使佩戴者与数字对象进行交互，而无须平板电脑或手机。

**2．仿真和分析**

全新的由 ANSYS 提供支持的 Creo Simulation Live 可在建模环境中提供快捷易用的仿真功能，对用户的设计决策做出实时反馈，从而让用户加快迭代速度并能考虑更多选项。Creo Simulation Live 是一个快速、易用的仿真方案，被完全集成到 CAD 建模环境中。用户可以在设计工作进行时执行热分析、模态分析和结构分析，不再需要与 CAE（计算机辅助工程）工程师来回商榷，也不再需要简化和重新划分模型。

**3．增材制造**

Creo 8.0 新增晶格结构、构建方向定义和 3D 打印切片，为增材制造设计提供了更加完善的功能和更大的灵活性。此外，晶格设计的整体性能也得到了提升：支持新的晶格单元、可构建方向分析和优化、支持切片和 3D 打印文件格式 3MF。用户通过使用 Creo 8.0 可以在一个环境中完成设计、优化、验证以及运行 3D 打印检查，从而减少整体处理时间、停滞和错误。Creo 8.0 支持的 Gyroid 晶格单元最大限度地减少了对支撑结构的需求，可以节省材料、加快打印速度并减少后处理步骤。

# 1.2　Creo Parametric 8.0 用户界面

Creo Parametric 8.0 的工作界面包括快速访问工具栏、标题栏、功能区、图形工具栏、导航区、图形区、消息提示栏及过滤器，如图 1-1 所示。

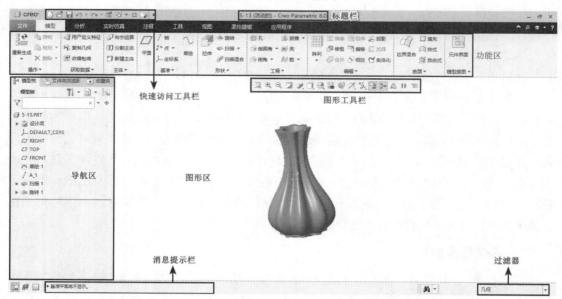

图 1-1　Creo Parametric 8.0 零件工作界面

**1．快速访问工具栏**

快速访问工具栏中包括新建、保存、修改模型和设置 Creo Parametric 8.0 环境的一些命令按钮。单击按钮可立即执行相关的命令，这为用户快速执行命令提供了极大的方便。用户可以根据自身需求情况定制快速访问工具栏。

**2．标题栏**

标题栏显示了活动的模型文件名称及当前软件版本。

**3．功能区**

功能区中包含"文件"下拉菜单和命令选项卡。其中，命令选项卡显示了 Creo Parametric 8.0 中的所有功能按钮，并以选项卡的形式进行分类，用户可以根据具体情况定制选项卡。值得注意的是，在用户使用过程中常会看到有些菜单命令和按钮处于非激活状态（呈灰色），这是由于当前操作中还不具备使用这些功能的条件或者未进入相关环境，一旦具备使用这些命令的条件或进入相关环境，便会自动激活。

**4．图形工具栏**

图形工具栏是将"视图"选项卡中部分常用的命令按钮集成在一起的工具条，以方便用户实时调用，快速控制显示方式等。

**5．导航区**

导航区包括三个页面选项：模型树或层树、文件夹浏览器和收藏夹。

模型树或层树：列出了当前活动文件中的所有零件及特征，并以树的形式显示模型结构。

文件夹浏览器：用于查看文件。

收藏夹：用于有效组织和管理个人资源。

**6．图形区**

图形区是 Creo Parametric 8.0 的工作区域，可在其中创建和修改模型，如零件、装配和绘图等。

**7．消息提示栏**

用户操作软件的过程中，消息提示栏会实时地显示当前操作的提示信息及执行结果。消息提示栏非常重要，操作人员应养成在操作过程中时刻关注消息提示栏内的提示信息的习惯，这样有助于在建模过程中更好地解决所遇到的问题。

**8．过滤器**

过滤器主要是为了方便用户快速选取需要的模型要素。

## 1.3　文件的管理

在 Creo Parametric 8.0 中，文件的管理包含新建文件、打开文件、保存文件、另存为文件、打印文件以及关闭文件等诸多文件管理方式。在用户操作界面中"文件"选项卡的下拉列表中选择相应的命令，即可进行文件管理。

### 1.3.1　新建文件

在建立新模型前，需要建立新的文件。在 Creo Parametric 8.0 中，用户可以创建多种类型的文件，包括布局、草绘、零件、装配、制造、绘图、格式、记事本等文件类型，其中比较常用的有草绘、零件、装配、绘图这几种文件类型。下面以新建一个零件文件为例，介绍新建文件的一般步骤。

（1）在快速访问工具栏上单击"新建"按钮，或执行"文件">"新建"命令，打开"新建"对话框。

（2）弹出图 1-2 所示的"新建"对话框，在其中选择文件的类型。默认的"类型"为"零件"，子类型为"实体"。

（3）在"文件名"文本框中输入文件的名称。

（4）取消选中"使用默认模板"复选框，单击"确定"按钮。

（5）弹出图 1-3 所示的"新文件选项"对话框，选择公制模板"mmns_part_solid_abs"选项，然后单击"确定"按钮，进入图 1-4 所示的零件操作界面。

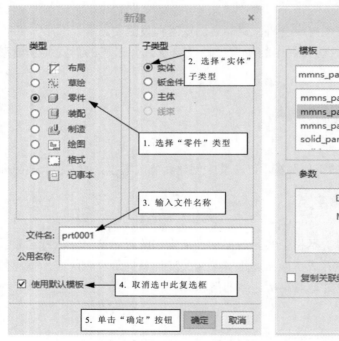

图 1-2　"新建"对话框　　　　　　　图 1-3　"新文件选项"对话框

**提示**：如果不取消选中"使用默认模板"复选框，则表示接受系统默认的英制单位模板，单击"确定"按钮后，直接进入零件操作界面；取消选中该复选框并单击"确定"按钮后，可以在弹出的"新文件选项"对话框中选择相应的模板，公制单位的模板是"mmns_part_solid_abs"，单击"确定"按钮，即可进入零件操作界面。

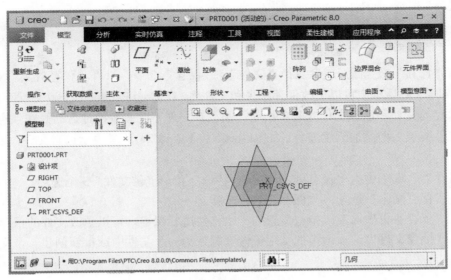

图 1-4　零件操作界面

## 1.3.2　打开文件

在快速访问工具栏中单击"打开"按钮 ，或执行"文件">"打开"命令，打开"文件打开"对话框，如图 1-5 所示。

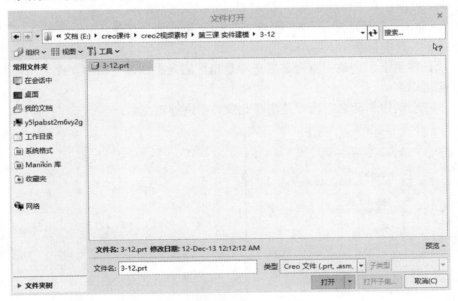

图 1-5　"文件打开"对话框

## 1.3.3　文件管理

文件管理是"文件"选项卡里所有分支选项的统称，包括"另存为""打印""管理文件""准备""发送""管理会话"和"帮助"等，主要应用"另存为""管理文件"和"管理会话"3个选项。

### 1. 保存和另存为

单击"保存"按钮🖫,或者执行"文件">"保存"命令,打开"保存对象"对话框,在"保存对象"对话框中可以更改保存路径和文件名。在 Creo Parametric 8.0 中保存文件时,如果新保存的文件和已有文件的名字相同,则已有文件不会被替换掉,而是在保存时软件自动在文件类型后面添加后续编号。如 lsk-prt.1 和 lsk-prt.2,前者表示已有文件,后者表示新文件。

"另存为"选项中有"保存副本""保存备份"和"镜像文件"3个选项。

❑ "保存副本"选项:与保存的效果一样。
❑ "保存备份"选项:指把最新的一组文件进行保存,可以更改文件的保存路径。
❑ "镜像文件"选项:指把文件镜像复制到另一个文件中或重新创建一个文件。

### 2. 打印

如果用户的计算机连着打印机,那么可以把 Creo Parametric 8.0 文件打印出来。该操作包括"打印""快速打印"和"快速绘图"等选项。

### 3. 管理文件

"管理文件"选项中包括"重命名""删除旧版本""删除所有版本""声明"和"实例加速器"5个选项,其中前3个选项比较常用,如图1-6所示。

(1)重命名:执行"文件">"管理文件">"重命名"命令,弹出"重命名"对话框,如图1-7所示。其中包括如下两个选项。

❑ "在磁盘上和会话中重命名"选项是指把磁盘上和此窗口中文件名相同的文件全部重命名。
❑ "在会话中重命名"选项是指在此窗口中进行重命名。

图1-6 "管理文件"选项

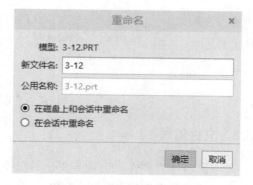

图1-7 "重命名"对话框

（2）删除文件：执行"文件">"管理文件">"删除"命令，可以将磁盘中的文件删除。该操作有"删除旧版本"和"删除所有版本"两个选项，删除时需要输入文件名，删除命令需谨慎使用。

### 4．管理会话

"管理会话"选项中有 10 个选项，主要应用"拭除当前""拭除未显示的"和"选择工作目录" 3 个选项，如图 1-8 所示。

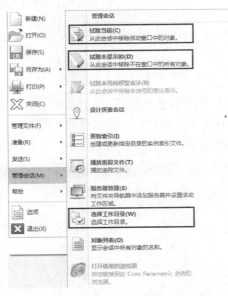

图 1-8　"管理会话"选项

（1）拭除文件：将文件从会话进程中拭除，以提高软件的运行速度。许多工作文件虽然从会话窗口关闭了，但是文件还会保存在软件的会话窗口和磁盘中。执行"文件">"管理会话">"拭除"命令，可以拭除会话窗口中的文件。该操作有"拭除当前"和"拭除未显示的"两个选项。

&#9633;　"拭除当前"选项是把激活状态下的文件从会话窗口中拭除。

&#9633;　"拭除未显示的"选项是把缓存在会话窗口中的文件全部拭除。

（2）选择工作目录：用来指定文件存储的路径，通常默认的工作目录是 Creo Parametric 8.0 启用的目录。设置新的自定义文件目录可以快速地找到自己存储的文件。执行"文件">"管理会话">"选择工作目录"命令，即可在"选择工作目录"对话框中设置工作目录，并确定文件夹。

## 1.4　Creo Parametric 8.0 基本操作和视图编辑

### 1.4.1　键盘和鼠标的相关操作

Creo Parametric 8.0 通过鼠标与键盘来输入命令、文字和数值等。鼠标左键用于选择命令和对象，中键用于确认或者缩放、旋转及移动视图，而右键则用于弹出相应的快捷菜单。"旋转""平移""缩放"和"翻转"都可通过单击鼠标中键以及与 Shift 键或 Ctrl 键组合使用来实现，如表 1-1 所示。

表 1-1　键盘和鼠标的相关操作

| 功　能 | 操　作 |
|---|---|
| 旋转 | 按住鼠标中键，移动鼠标 |
| 平移 | 按住鼠标中键 + Shift 键，移动鼠标 |
| 缩放 | 滚动鼠标中键 |

### 1.4.2　视图编辑

编辑视图的操作可分为对视图视角的编辑、对模型显示方式的编辑、对视图颜色的编辑和对窗口的控制等几种。在打开 Creo Parametric 8.0 三维模型的情况下，编辑视图在"视图"选项卡中完成，如图 1-9 所示。在图 1-10 所示的图形工具栏中也可以编辑视图。

图 1-9　"视图"选项卡

图 1-10　图形工具栏

#### 1．视图视角的编辑

在建模时通常要切换模型的视角，以便查看模型各个方向上的特征。

最简单的方法是单击"重新调整"按钮，可以在无限放大或缩小而找不到整个实体的情况下，把实体自动调整到最佳视角，并放置到绘图窗口的中央位置。

"已保存方向"选项（单击打开其下拉列表，如图 1-11 所示）可把视图自动调整为前后视图、左右视图、上下视图，并确定默认和标准方向。前、后、左、右、上、下 6 个视图是由创建模型时所使用的 Top、Front、Right 3 个基准平面决定的。默认和标准方向与"重新调整"按钮的功能一样，自动调整到最佳视图。

单击"重定向"按钮，弹出"视图"对话框，如图 1-12 所示。单击"类型"右侧的下拉按钮，弹出的下拉列表中包括"按参考定向""动态定向"和

图 1-11　"已保存方向"下拉列表

"首选项" 3 个定义视角的方式，其中应用广泛的定向方式是 "按参考定向"。

图 1-12  "视图" 对话框

　　"按参考定向" 是指定义视图的前后、左右、上下的基准平面来放置实体。定义时要选择某个具体平面。例如，如果选择 Front 基准平面为前视图，Top 基准平面为上视图，那么在用户前面平铺的即是 Front 基准平面，如图 1-13 和图 1-14 所示。

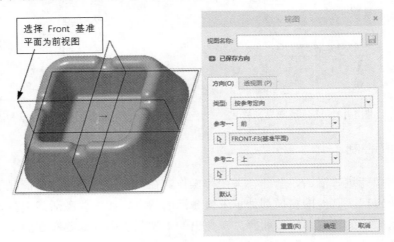

图 1-13  选择基准平面

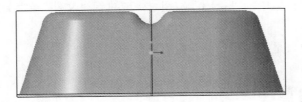

图 1-14  按参考定向显示

## 2．模型显示样式

模型显示样式主要包括着色、隐藏线、无隐藏线、线框和实时渲染 5 种类型。单击图形工具栏中的"显示样式"按钮 ，弹出的下拉列表如图 1-15 所示，用于控制视图的显示样式，可以使模型从实体着色显示转换为其他线条的线形模式。图 1-16 所示为着色模型。图 1-17 所示为切换到消隐显示样式。

在模型显示样式中，单击图形工具栏中的"基准显示过滤器"按钮 ，弹出如图 1-18 所示的下拉列表，在此下拉列表中可以使基准平面、基准坐标系、基准轴以及基准点等多个几何基准隐藏或显示。当选中基准复选框时，该基准被显示，反之则被隐藏。在作图过程中隐藏一些不必要的基准，可以使视图看起来更清晰。

图 1-15　"显示样式"下拉列表

图 1-16　实体着色显示样式

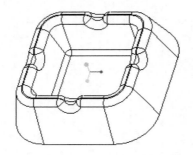

图 1-17　实体消隐显示样式

图 1-18　基准的显示与隐藏

### 1.4.3　窗口的控制

对绘图窗口能进行激活、新建、关闭等操作。在打开了多个窗口的情况下，软件一次只能运行一个窗口，其他的窗口都处于未被激活的状态。如果要激活某个窗口，可以单击快速访问工具栏中的"窗口"按钮 ，在弹出的下拉列表中选择要激活的文件，则窗口会切换到所选文件的窗口，并激活该窗口。

单击快速访问工具栏中的"关闭"按钮 ，或执行"文件">"关闭"命令，可以关闭当前窗口。

提示：这个操作只是关闭窗口，并没有删除窗口中的文件。

## 1.5　模型树的管理

模型树是导航区的一部分，用于记录和保存一个模型的创建（装配）过程。模型树由模型的名称、类型、系统基准和创建模型时所用的特征组成，如图 1-19 所示。

在模型树中可以控制一些特征和基准的显示与隐藏，使模型看起来更加清晰和简洁。

也可以对其进行组合操作，方法为按住 Ctrl 键选择作为组的特征和基准，然后单击鼠标右键，在弹出的快捷菜单中选择"分组"选项，这样可使模型树看起来更加整齐，如图 1-20 所示。

图 1-19　模型树

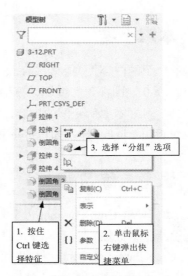

图 1-20　模型树创建局部组

单击模型树的"设置"按钮 📊 ▾，弹出图 1-21 所示的下拉列表。选择"树过滤器"选项，弹出图 1-22 所示的"模型树项"对话框，在此对话框中可以设置在用户操作界面中显示的选项。

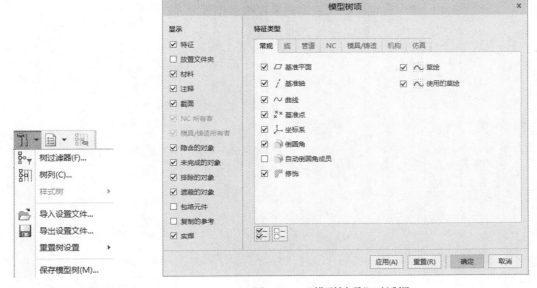

图 1-21　"设置"下拉列表　　　　　　图 1-22　"模型树项"对话框

在模型树中还可以编辑已完成的特征，包括特征之间添加新特征以及拖动特征。

❑　编辑特征：选中要编辑的特征，然后单击鼠标右键，在弹出的快捷菜单中选择"编辑定义"选项，进入编辑特征界面。

- ❑ 拖动特征：在模型树中按住鼠标左键直接把特征上下拖动即可。但是要注意，拖动到某个位置时，要保证这个特征的参考系不会改变。

## 1.6   本章小结

本章介绍的内容主要包括 Creo 8.0 概述、Creo Parametric 8.0 用户界面、文件管理、Creo Parametric 8.0 视图视角的编辑、模型显示样式、窗口的控制以及模型树的管理。初学者一定要认真学习好本章所介绍的内容，尤其要掌握文件管理、模型使用基础，为后面深入学习 Creo Parametric 8.0 建模知识打下扎实根基。

## 1.7   思考与练习题

1．如何理解 Creo Parametric 8.0 的这几个基本设计概念：设计意图、基于特征建模、参数化设计和相关性？

2．Creo Parametric 8.0 用户界面主要由哪些要素组成？用户界面各组成要素的用途是什么？

3．请说出在 Creo Parametric 8.0 中"保存""保存副本"和"备份"这 3 个命令的应用特点。

4．拭除文件和删除文件有什么不同之处？

5．如何设置工作目录？设置工作目录有哪些好处？

6．简述如何使用三键鼠标来快速调整模型视图视角。

# 第 2 章

# 二维草绘

## 2.1 草绘器概述

二维草绘（也称"2D 草绘"）是三维建模的一个重要基础。在 Creo Parametric 8.0 中，二维草图基本是在草绘器（草绘模式）中绘制的。草绘常用的基本图元命令有点、直线、矩形、圆、圆弧、样条曲线等，利用这些命令可以绘制出各种各样的图形。

### 1. 进入草绘模式

进入草绘器主要有 3 种途径：第一种途径是直接新建一个草绘文件（草绘文件的后缀名为.sec）；第二种途径是在创建某些特征的过程中，通过定义草绘平面和参照等自动进入内部草绘器；第三种途径是在零件和装配环境下创建草绘。在这里，以创建一个新草绘文件的方式进入草绘模式为例，其具体的操作步骤如下。

（1）在快速访问工具栏中单击"新建"按钮 ，或执行"文件">"新建"命令，系统弹出"新建"对话框。

（2）在"类型"选项组中单击"草绘"单选按钮，在"文件名"文本框中输入新文件名，如图 2-1 所示。

（3）在"新建"对话框中单击"确定"按钮，进入草绘文件的草绘器工作界面。

草绘器的用户界面同样由标题栏、快速访问工具栏、文件菜单、功能区、导航区、图形窗口（草绘区域）、图形工具栏和状态栏等组成。在草绘器（草绘模式）功能

图 2-1　在"新建"对话框中单击"草绘"单选按钮并输入新文件名

区中使用"草绘"选项卡中的相关工具来绘制和编辑图形。

在绘制二维图形的过程中，系统会为绘制的图形自动添加尺寸或约束，在没有用户确定的情况下，草绘器可以自动移除的尺寸或约束被称为"弱尺寸"或"弱约束"。在手动添加尺寸或约束时，草绘器可以在没有任何确认的情况下移除多余的弱尺寸或弱约束，而草绘器不能自动删除的尺寸或约束便是"强尺寸"或"强约束"。如果强尺寸或强约束发生冲突，则草绘器会要求移除其中一个或将其中一个改为参考对象。

在草绘器中绘图的时候，如果巧用鼠标各按键，那么可以在一定程度上提高绘图速度。在草绘器中可以使用鼠标执行下列操作。

- ❑ 在执行绘图命令的过程中，若单击鼠标中键则可以中止当前操作。
- ❑ 右键单击草绘窗口可以访问快捷菜单，注意：快捷菜单中的命令会因为当前选定图元的不同而有所不同。
- ❑ 草绘时，单击鼠标右键可锁定所提供的约束，再次单击鼠标右键可以禁用该约束，第 3 次单击鼠标右键可以重新启用该约束。

### 2．设置草绘环境

要自定义草绘器环境，可单击"文件"选项卡并从其下拉菜单中选择"选项"选项，打开"Creo Parametric 选项"对话框，接着切换到"草绘器"页面，如图 2-2 所示，此时可以设置草绘器对象显示（如显示顶点、显示约束、显示尺寸、显示弱尺寸、显示帮助文本上的图元 ID 号）、约束假设、尺寸和求解器精度、拖动截面时的尺寸行为、栅格、草绘器启动方式、图元线型和颜色、草绘器参考和诊断等。在"草绘器启动"选项组中选中"使草绘平面与屏幕平行"复选框，这样便可以在使用特征创建工具进入草绘器时系统自动定向草绘平面并使其与屏幕平行。

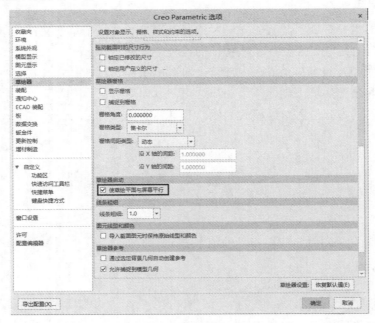

图 2-2　自定义草绘环境

除可以在"Creo Parametric 选项"对话框的"草绘器"选项卡中进行草绘器对象显示设置之外，还可以使用图形工具栏中的按钮复选框或功能区"视图"选项卡的"显示"组中的对应按钮来控制草绘器的一些显示设置首选项，如图 2-3 所示。当选中相应的按钮复选框，或者使相应的按钮处于被按下状态时，表示打开相应的显示状态。

图形工具栏　　　　　　　　　　功能区"视图"选项卡

图 2-3 草绘器显示设置选项

- ❑ 📐（尺寸显示）：用于设置显示或隐藏草绘尺寸。
- ❑ 📏（约束显示）：用于设置显示或隐藏约束符号。
- ❑ 📍（顶点显示）：用于显示或隐藏草绘顶点。
- ❑ ⊞（栅格显示）：用于显示或隐藏栅格。

### 3．草绘基本过程

（1）粗略地绘制几何图元，即勾勒出图形的大概形状。

（2）编辑添加约束。

（3）标注尺寸。绘制图元时，系统自动生成的尺寸为弱尺寸，以较浅的颜色显示；用户创建的尺寸则以较深的颜色显示，称为强尺寸（弱尺寸在用户修改成功后将自动转变为强尺寸）。

（4）修改尺寸。

（5）重新生成。

（6）草图诊断。检查草图中是否存在几何不封闭、几何重叠等问题。

## 2.2 创建基本草绘图元

在 Creo Parametric 8.0 的草绘器模式下，可以绘制点、坐标系、中心线、直线、相切直线、矩形（拐角矩形、斜矩形、中心矩形和平行四边形）、圆、圆弧、椭圆、样条、圆角、倒角和文本等基本草绘图元。任何草绘图元都可以被指定为几何或构造，在默认情况下，使用草绘工具（点、坐标系和中心线工具除外）将创建几何图元，点、中心线和坐标系都具有单独的用于创建基准或构造实例的工具，如图 2-4 所示。

图 2-4 草绘工具与基准图元工具

### 2.2.1　创建构造中心线和基准中心线

构造中心线是草绘辅助，无法在草绘器以外参考。要创建构造中心线，则在功能区"草绘"选项卡的"草绘"组中单击"中心线"按钮 中心线，接着在图形窗口中分别选择不同的两个点，即可创建一条构造中心线。

要创建与两个图元相切的构造中心线，则在功能区"草绘"选项卡的"草绘"组中单击"中心线相切"按钮 中心线，接着在弧或圆上选择一个合适的起始位置，接着在另一个图元上指定另一个相切点，从而创建一条与两个图元相切的构造中心线，如图 2-5 所示。

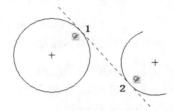

图 2-5　绘制与两个图元相切的构造中心线

要创建基准中心线，则在功能区"草绘"选项卡的"基准"组中单击"中心线"按钮，接着选择一点作为第一个点，再选择另一个点即可放置一条基准中心线。

### 2.2.2　创建构造坐标系和基准坐标系

在草绘器中有单独的工具用于创建构造坐标系和基准坐标系。构造坐标系是草绘辅助，不会将任何信息传达到草绘器之外，通常被用来标注样条和创建参考；而基准坐标系会将特征信息传达到草绘器之外，可以用于草绘曲线、草绘阵列、环形折弯和包络特征中。

要创建构造坐标系，则在功能区"草绘"选项卡的"草绘"组中单击"坐标系"按钮 坐标系，接着在图形窗口中选择一点即可。

要创建基准坐标系，则在功能区"草绘"选项卡的"基准"组中单击"坐标系"按钮 坐标系，接着为坐标系选择中心点，即可创建一个基准坐标系。

### 2.2.3　创建直线

创建直线的草绘工具有"线链"按钮 和"直线相切"按钮。

#### 1. 线链

要创建线链，则在"草绘"组中单击"线"旁的下拉箭头并单击"线链"按钮，接着在图形窗口中选择一点作为第一个端点，再选择第二个端点，从而创建一条线段，可以继续选择另外的点来绘制相连的线段，如图 2-6 所示，单击鼠标中键结束命令操作。

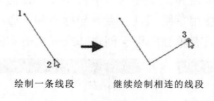

绘制一条线段　　继续绘制相连的线段

图 2-6　绘制线链

### 2．直线相切

要创建与两个图元相切的线，则在"草绘"组中单击"线"旁的下拉箭头并单击"直线相切"按钮，接着在第一个切点处选择一个弧或圆，在第二个切点处选择另一个弧或圆即可，如图 2-7 所示。

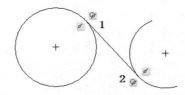

图 2-7　绘制与两个图元相切的线段

### 2.2.4　创建矩形

创建矩形的草绘工具有"拐角矩形"按钮、"斜矩形"按钮、"中心矩形"按钮和"平行四边形"按钮。

### 1．拐角矩形

在"草绘"组中单击"拐角矩形"按钮，接着选择一个点作为第一个顶点，再选择一个点作为相对顶点，从而创建一个矩形，如图 2-8 所示。该命令只能创建具有水平和竖直边的矩形，所创建的矩形的 4 条边将是相互独立的，可以单独修改和拖动它们。

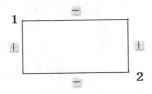

图 2-8　创建拐角矩形

### 2．斜矩形

在"草绘"组中单击"斜矩形"按钮，接着选择一点作为第一个顶点，再选择一点作为第二个顶点，然后选择某点定义第三个顶点以设置矩形宽度，如图 2-9 所示。

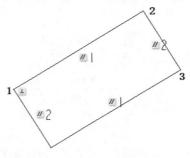

图 2-9　创建斜矩形

### 3．中心矩形

在"草绘"组中单击"中心矩形"按钮▢，接着为矩形选择中心点，然后将鼠标指针移到所需位置作为第一个顶点并选择它，从而完成一个中心矩形的创建，如图 2-10 所示。

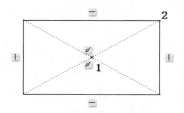

图 2-10　创建中心矩形

### 4．平行四边形

在"草绘"组中单击"平行四边形"按钮▱，选择一点作为第一个顶点，将鼠标指针移到所需位置作为下一个顶点并选择它，再移动鼠标指针以确定各边的长度和形状的角度，选择第三个顶点，从而完成一个平行四边形的创建，如图 2-11 所示。

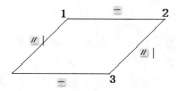

图 2-11　创建平行四边形

## 2.2.5　创建圆

创建圆的工具有 4 种，即"圆心和点"按钮◎、"同心"按钮◉、"3 点"按钮◯和"3相切"按钮◯。

### 1．通过指定圆心和圆上一点来创建圆

在"草绘"组中单击"圆心和点"按钮◎，接着在图形窗口中选择一点作为圆心点，此时出现一个跟随鼠标指针的动态圆周，将圆拖动到所需尺寸，然后单击以放置圆周，从而创建一个圆，如图 2-12 所示。

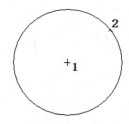

图 2-12　通过"圆心和点"按钮创建圆

## 2．创建同心圆

在"草绘"组中单击"同心"按钮◎，接着选择圆弧、弧中心点、圆和圆中心点这些图元之一作为参考，此时移动鼠标指针，将出现的动态构造同心圆拖动至所需位置（尺寸），然后单击以放置圆周，即可创建一个同心圆，如图 2-13 所示。

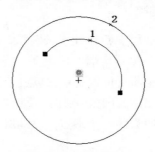

图 2-13  绘制同心圆

## 3．通过 3 点创建圆

在"草绘"组中单击"3 点"按钮◎，接着分别选择 3 个点来绘制一个圆，如图 2-14 所示。

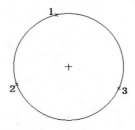

图 2-14  通过"3 点"按钮创建圆

## 4．创建与 3 个图元相切的圆

在"草绘"组中单击"3 相切"按钮◎，选择弧、圆或直线以定义第一个相切图元，接着选择另一个弧、圆或直线以定义第二个相切图元，然后在弧、圆或直线上选择第三个切点，即可创建一个与 3 个图元均相切的圆。典型示例如图 2-15 所示，创建三角形的内切圆。

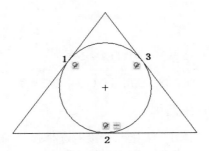

图 2-15  绘制与 3 个图元相切的圆

### 2.2.6　创建圆弧

创建圆弧或圆锥的工具有"3 点/相切端"按钮🦗、"圆心和端点"按钮🦗、"3 相切"按钮🦗、"同心"按钮🦗和"圆锥"按钮🦗。

#### 1．使用 3 点/相切端创建圆弧

"3 点/相切端"按钮🦗用于使用 3 点创建一条圆弧，或者创建一条在端点与图元相切的圆弧。在"草绘"组中单击"3 点/相切端"按钮🦗，接着选择一点作为第一个端点，再选择第二个端点，然后将弧拖动至所需位置处单击以放置圆弧，如图 2-16 所示。

要创建一条在端点处与图元相切的圆弧，则在"草绘"组中单击"3 点/相切端"按钮🦗，接着选择所需图元（如圆弧或线段）的一个端点，移动鼠标指针选择另一点即可完成该圆弧，如图 2-17 所示。

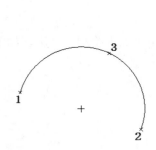 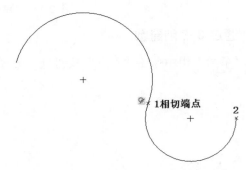

图 2-16　使用 3 点创建圆弧　　　　图 2-17　创建一条在端点与图元相切的圆弧

#### 2．使用圆心和端点创建圆弧

在"草绘"组中单击"圆心和端点"按钮🦗，选择一点作为弧中心点，此时出现一个跟随鼠标指针的动态构造圆，将鼠标指针移动至所需半径处单击以放置圆弧并定义圆弧的第一个端点，此时构造圆被移除，然后选择圆弧的第二个端点，从而完成一条圆弧的创建，如图 2-18 所示。

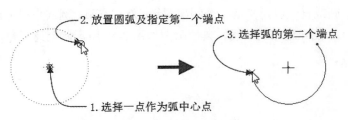

图 2-18　使用圆心和端点创建圆弧

#### 3．创建与 3 个图元相切的圆弧

在"草绘"组中单击"3 相切"按钮🦗，接着选择弧、圆或直线以定义第一个相切图元，选择另一个弧、圆或直线以定义第二个相切图元，然后选择第三个弧、圆或直线以定义第三个切点，从而创建与 3 个图元均相切的圆弧，如图 2-19 所示。注意选择图元的位置，

这可能会影响到相切圆弧的生成位置和大小。

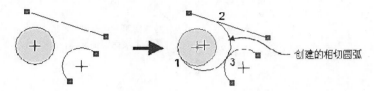

图 2-19 创建与 3 个图元相切的圆弧

### 4．创建同心弧

在"草绘"组中单击"同心"按钮🔊，在图形窗口中选择圆弧、弧中心点、圆或圆中心点作为参考以定义同心弧的圆心，此时出现一个同心构造圆，将构造圆拖动至所需位置（半径），单击选择第一个弧端点，此时构造圆被移除，然后选择第二个弧端点，即可完成一个同心弧的创建，如图 2-20 所示。

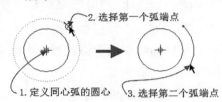

图 2-20 创建同心弧

### 5．创建锥形弧

在"草绘"组中单击"圆锥"按钮✐，在图形窗口中选择一个点作为锥形弧的第一个端点，接着选择第二个端点，并将锥形弧拖动到所需尺寸和形状时单击以放置锥形弧，从而完成锥形弧的创建，锥形弧带有经过两个端点的中心线，如图 2-21 所示。

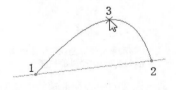

图 2-21 创建锥形弧

## 2.2.7 创建椭圆

在 Creo Parametric 8.0 中有两种方法创建椭圆：一种是通过定义轴端点创建椭圆；另一种则是通过定义椭圆的中心和某个主轴的端点创建椭圆。

### 1．通过定义轴端点创建椭圆

在"草绘"组中单击"轴端点椭圆"按钮⬭，选择第一个轴的第一个端点的位置，再选择第一个轴的第二个端点的位置，然后拖动鼠标指针至预定位置处单击（即定义第二个轴的长度并选择一个端点），从而创建一个椭圆，如图 2-22 所示。

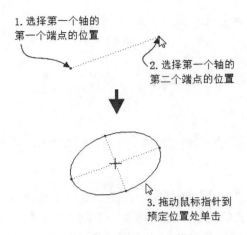

图 2-22　通过轴端点创建椭圆

**2. 通过定义椭圆的中心和某个主轴的端点创建椭圆**

在"草绘"组中单击"中心和轴椭圆"按钮 ⊘，选择椭圆中心点，移动鼠标指针在第一个轴上选择一个端点，再移动鼠标指针至预定位置处单击以定义第二个轴的长度，从而创建一个椭圆，如图 2-23 所示。

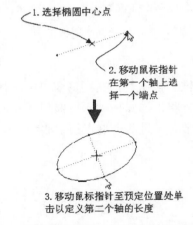

图 2-23　通过椭圆的中心和主轴的端点创建椭圆

### 2.2.8　创建样条曲线

在"草绘"组中单击"样条"按钮 ∿，接着选择一点作为样条端点，再选择其他样条点来绘制样条，单击鼠标中键退出"样条"命令。绘制样条的典型示例如图 2-24 所示，该样条由 8 个样条点定义。

图 2-24　创建样条曲线

## 2.2.9 创建倒角

在 Creo Parametric 8.0 的草绘器中提供了两种倒角工具，即"倒角"按钮 和"倒角修剪"按钮 。前者用于用倒角连接两个图元，并用构造线延伸到交点，如图 2-25 所示；后者也是用倒角连接两个图元，并对两个图元进行修剪，且不带延伸到交点的构造线，如图 2-26 所示。

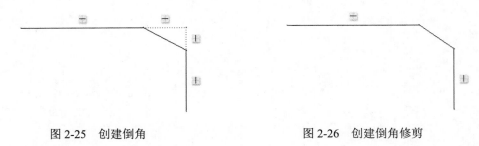

图 2-25　创建倒角　　　　　　　　　　图 2-26　创建倒角修剪

## 2.2.10 创建圆角

Creo Parametric 8.0 的草绘器中存在 4 种圆角工具，即"圆形"按钮 、"圆形修剪"按钮 、"椭圆形"按钮 和"椭圆形修剪"按钮 ，它们完成的圆角效果如图 2-27 所示。圆角的创建过程和倒角的创建过程类似，执行命令时只需选择要创建圆角的两个图元即可，注意图元的选择位置。

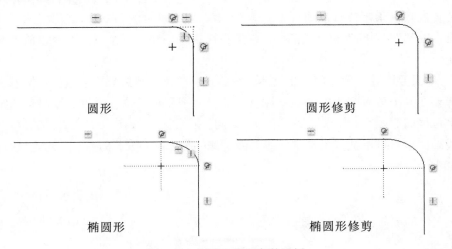

图 2-27　创建 4 类圆角的示例

## 2.2.11 在草绘器中创建文本

在草绘器中可以创建文本，作为草绘图元的一个组成部分。在草绘器中创建文本，可以按照以下方法和步骤进行。

（1）在"草绘"组中单击"文本"按钮 ，接着在草绘区域中分别选择一个起始点和一个终止点，起始点和终止点之间生成一条构造线，构造线的长度决定文本的高度，构造线的角度决定文本的方向。同时，系统会弹出如图 2-28 所示的"文本"对话框。

（2）在"文本"对话框的文本框中输入文本，单行最多可输入 79 个字符。如果单击"文件符号"按钮，则打开如图 2-29 所示的"文本符号"对话框，从中可选择一个特殊文本符号并添加到文本行中，单击"关闭"按钮关闭"文本符号"对话框。

图 2-28　"文本"对话框　　　　　图 2-29　"文本符号"对话框

（3）在"字体"选项组中分别设定字体、位置选项、长宽比和斜角。其中，位置选项分水平位置选项（水平位置选项有"左侧""中心"和"右侧"）和竖直位置选项（竖直位置选项有"底部""中间"和"顶部"），由用户选择水平和竖直位置的组合以放置文本字符串的起始点。

（4）如果要沿着一条曲线放置文本，那么选中"沿曲线放置"复选框，接着在图形窗口中选择要在其上放置文本的曲线。注意：选择水平和竖直位置的组合以沿着选定曲线放置文本字符串的起始点。如果需要，单击"反向"按钮，可更改本文放置的位置与方向，即构造线和文本字符串被置于选定曲线对面一侧的另一端，基于文本的起始点执行此放置，如图 2-30 所示。

图 2-30　将文本反向到曲线的另一侧

（5）如果选中"字符间距处理"复选框，则启用文本字符串的字符间距处理，这样可以控制某些字符之间的空格，改善文本字符串的外观。注意：字符间距处理是特殊字体的特性。

（6）在"文本"对话框中单击"确定"按钮，完成文本创建。

## 2.2.12　从模型边创建几何

　　在三维建模时可以在草绘器中单击"草绘"组中的"投影"按钮▢，系统会弹出如图 2-31 所示的"类型"对话框，从"选择使用边"选项组中单击"单一""链"或"环"单选按钮以定义边类型，接着在图形窗口中选择要使用的一条或多条边，确定后单击"关闭"按钮，关闭"类型"对话框即可。从模型边创建几何如图 2-32 所示。

图 2-31　"类型"对话框　　　　　　　　　　　图 2-32　从模型边创建几何

## 2.2.13　用偏移边选项创建几何

　　在零件模式下打开草绘器时，可以使用零件的边作为草绘新图元的参考，这涉及"草绘"组中的"偏移"按钮▣和"加厚"按钮▣。在草绘文件中，这两个按钮也可用。

- ❑　"偏移"命令：通过偏移对象（一条边或草绘的图元）来创建图元，简称草绘偏移边。
- ❑　"加厚"命令：通过在两侧偏移对象（边或草绘的图元）来创建图元，简称加厚图元（边）。

### 1．草绘偏移边

　　在"草绘"组中单击"偏移"按钮▣，系统会弹出"类型"对话框，选择偏移边类型选项，在这里以单击"单一"单选按钮作为边类型选项为例，接着在图形窗口中选择要偏移的图元或边，并在出现的文本框中输入正值以按箭头方向偏移边，如果要按相反方向偏移边则输入负值，然后单击"接受"按钮✓，或按 Enter 键，即完成偏移图元。草绘偏移边的操作如图 2-33 所示。

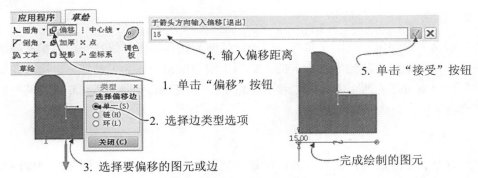

图 2-33　草绘偏移边的操作

### 2．加厚图元（边）

在"草绘"组中单击"加厚"按钮，打开"类型"对话框，从"选择加厚边"选项组中单击"单一""链"或"环"单选按钮，从"选择端封闭"选项组中单击"开放""平整"或"圆形"单选按钮，接着在图形窗口中选择要偏移的图元或边，再输入厚度值，单击"接受"按钮，此时边上显示一个方向箭头，然后输入于该方向的偏移值，单击"接受"按钮，即可完成加厚边操作。加厚图元的操作如图 2-34 所示。

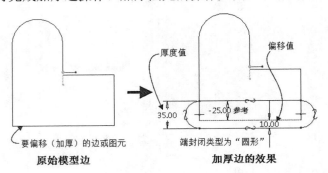

图 2-34　加厚图元的操作

## 2.3　编辑二维图形

编辑二维图形的常用知识主要包括：修剪与分割图元，镜像几何图元，平移、缩放和旋转图形，剪切、复制和粘贴图形。

### 2.3.1　修剪与分割图元

修剪与分割图元是常见的图形编辑操作，涉及的工具包括"删除段"按钮、"拐角"按钮和"分割"按钮。

#### 1．删除段

在功能区"草绘"选项卡的"编辑"组中单击"删除段"按钮，接着在图形窗口中单击要删除的段，则该段即被删除。

#### 2．拐角

"拐角"命令用于将图元修剪（剪切或延伸）到其他图元或几何，该操作属于相互修剪图元。在功能区"草绘"选项卡的"编辑"组中单击"拐角"按钮，接着在要保留的图元部分上单击任意两个图元（二者不必相交），则 Creo Parametric 8.0 将这两个图元对象一起修剪。

#### 3．分割

"分割"命令用于在选择点的位置处分割图元，可将一个截面图元分割成两个或多个新图元。要分割图元，则在功能区"草绘"选项卡的"编辑"组中单击"分割"按钮，接着在要分割的位置单击图元，图元便在指定位置处分割。

## 2.3.2　镜像几何图元

在草绘器中使用"镜像"按钮 ，可以沿草绘中心线镜像几何图元及约束，但无法镜像尺寸、文本图元、中心线和参考图元。

要想镜像几何图元，应先确保草绘中包括一条中心线，并选择要镜像的一个或多个几何图元，接着在功能区"草绘"选项卡的"编辑"组中单击"镜像"按钮 ，然后在图形窗口中选择一条中心线，系统针对所选定的中心线镜像所有选定的几何形状。创建镜像图元的操作如图 2-35 所示。

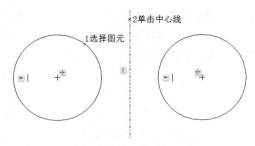

图 2-35　创建镜像图元

## 2.3.3　平移、缩放和旋转图形

在草绘器中，用户可以平移、旋转或缩放现有几何图形，具体操作步骤如下。

（1）选择要操作的图形。如果要选择整个截面，那么在功能区"草绘"选项卡的"操作"组中单击带下拉三角符号的"选择"按钮，打开如图 2-36 所示的选择命令列表，从中选择"全部"选项。如果要选择其中的多个图元，那么可按住 Ctrl 键的同时并单击所要选择的多个图元。

（2）在功能区"草绘"选项卡的"编辑"组中单击"旋转调整大小"按钮 ，系统在功能区中打开"旋转调整大小"选项卡，同时在所选图形中出现"拖放"控制滑块、"旋转"控制滑块和"平移"控制滑块，如图 2-37 所示。

图 2-36　打开选择命令列表

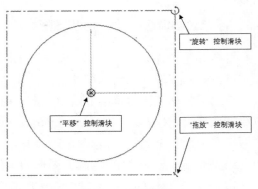

图 2-37　控制滑块

（3）在"旋转调整大小"选项卡中输入平移、旋转或比例值，然后单击"完成"按钮，完成操作。

### 2.3.4　剪切、复制和粘贴图形

在草绘器中，用户可以通过剪切和复制操作来移除或复制草绘图元。剪切或复制的草绘图元将被置于剪贴板中，此时可通过粘贴操作将剪切或复制的图元放到活动截面中所选定位置。当执行粘贴操作时，剪贴板上的草绘图元不会被移除，允许用户多次使用复制或剪切的草绘几何。

要想剪切和粘贴图形，可从活动草绘中选择一个或多个目标图形，接着按 Ctrl+X 快捷键剪切选定的一个或多个目标图形，此时所选定图形被移到剪贴板上，然后按 Ctrl+V 快捷键，在图形窗口中选择一个位置来放置剪切的图元，并且可以利用出现的"旋转调整大小"选项卡来根据设计要求平移、缩放或旋转图元。

## ⚠ 2.4　使用截面

本节主要介绍如何将图形文件（截面文件）导入草绘器，以及如何从草绘器调色板导入形状图形。

### 2.4.1　将截面文件导入草绘器

从磁盘或内存检索截面文件，并将其作为原始截面的独立副本放置到当前草绘上。不但可以将 Creo Parametric 8.0 的草绘文件（*.sec）和绘图文件（*.drw）导入草绘器中，还可以将 DWG（*.dwg）、DXF（*.dxf）、IGES（*.igs 或*.iges）、Adobe Illustrator（*.ai）这些类型的外部文件导入。

在功能区"草绘"选项卡的"获取数据"组中单击"文件系统"按钮，系统弹出"打开"对话框，从可用文件列表中选择所需的文件，单击"打开"按钮，接着在图形窗口中的合适位置处单击以放置导入的图元，并且可以调整导入图形的位置、旋转角度和缩放比例。

### 2.4.2　从草绘器调色板导入形状图形

草绘器为用户提供了一个集中预定义形状的调色板，使用该调色板可以很方便地将一些预定义形状的图形导入活动草绘中。

在草绘器的功能区"草绘"组中单击"选项板"按钮🗔，系统会弹出如图 2-38 所示的"草绘器选项板"对话框，Creo Parametric 8.0 默认提供 4 种含有预定义形状的预定义选项卡，即"多边形"选项卡、"轮廓"选项卡、"形状"选项卡和"星形"选项卡。

草绘器选项板导入"I 形轮廓"图形的操作步骤如下。

（1）在一个新建的草绘文件中，从功能区"草绘"选项卡的"草绘"组中单击"选项

板"按钮 ，系统弹出"草绘器选项板"对话框。

（2）在"草绘器选项板"对话框中打开"轮廓"选项卡，从中单击"I 形轮廓"图形相对应的缩略图或标签，"I 形轮廓"图形出现在预览窗口中。

（3）再次双击"I 形轮廓"图形的缩略图或标签，此时将鼠标指针置于图形窗口中时会包含一个加号，表示必须选择一个位置来放置该形状。

（4）在图形窗口中任一位置单击以放置"I 形轮廓"，具有默认尺寸的"I 形轮廓"被放置于选定位置处，形状中心与选定位置重合，系统打开"旋转调整大小"选项卡，在"旋转调整大小"选项卡中输入平移、旋转或比例值，然后单击"完成"按钮完成操作，如图 2-39 所示。

图 2-38 "草绘器选项板"对话框

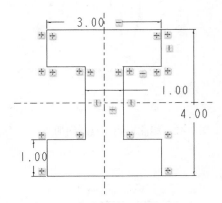

图 2-39 导入"I 形轮廓"

## 2.5 尺寸标注

在创建草绘图元过程中，Creo Parametric 8.0 会自动对草绘进行约束和标注，以使草绘截面可以求解。系统自动生成的尺寸为弱尺寸，弱尺寸在用户修改几何、添加尺寸、修改尺寸或添加约束时会消失。用户可以根据设计需要定义新尺寸、修改自动生成的尺寸、强化弱尺寸等。由用户创建（定义）的任何尺寸都自动成为强尺寸。

使用"尺寸"按钮 ，可以创建线性、半径（径向）、直径、角度、总夹角、弧长度、圆锥等这些类型的尺寸。创建常规尺寸的基本方法和步骤如下。

（1）在功能区"草绘"选项卡的"尺寸"组中单击"尺寸"按钮 。

（2）选择要标注的一个或多个图元。

（3）在合适的位置处单击鼠标中键以放置尺寸，并且可以在出现的文本框中修改尺寸值。

下面以图解的方式分别介绍创建线性尺寸、角度尺寸、直径尺寸、半径尺寸和对称尺寸等，并且介绍标注样条尺寸等，分别如图 2-40～图 2-49 所示。注意：图例中均特意隐藏了弱尺寸。

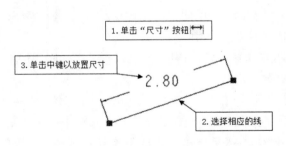

图 2-40　标注线长

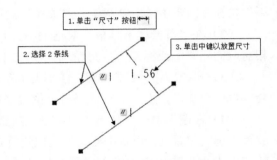

图 2-41　标注两平行线间的距离

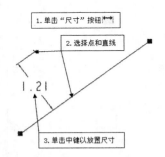

图 2-42　标注直线与点之间的距离

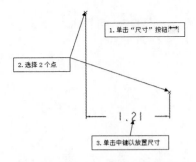

图 2-43　标注两点之间的相应距离

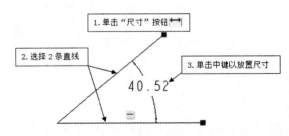

图 2-44　标注两交线间的角度

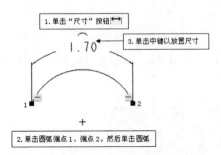

图 2-45　标注圆弧弧度尺寸

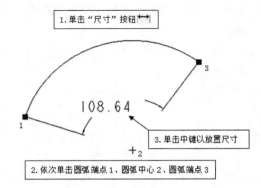

图 2-46　标注圆弧角度尺寸

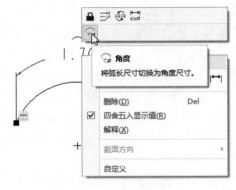

图 2-47　弧度转化角度

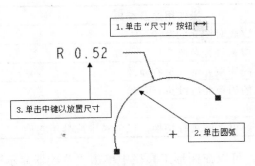

图 2-48 标注圆弧或圆的半径

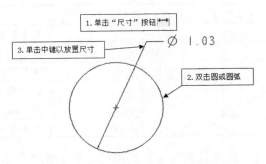

图 2-49 标注圆弧或圆的直径

## 2.6 几何约束

### 2.6.1 使用约束概述

几何约束是定义几何图元或图元之间关系的条件。几何约束的类型主要包括竖直、水平、正交（垂直）、相切、中点、重合、对称、相等和平行，如表 2-1 所示。

表 2-1 9 种约束命令

| 序 号 | 按 钮 | 按 钮 名 称 | 约束功能说明 |
|---|---|---|---|
| 1 | + | 竖直 | 使直线或两顶点竖直 |
| 2 | + | 水平 | 使直线或两顶点水平 |
| 3 | ⊥ | 垂直 | 使两图元垂直 |
| 4 | ♀ | 相切 | 使两图元相切 |
| 5 | ＼ | 中点 | 在直线或弧的中间放置一点 |
| 6 | → | 重合 | 使点或其他对象重合 |
| 7 | ⁙ | 对称 | 使两点或顶点关于中心线对称 |
| 8 | = | 相等 | 创建相等的线型尺寸或角度尺寸、相等曲率或相等半径 |
| 9 | ∥ | 平行 | 使两条或多条线平行 |

进行草绘时，用户既可以通过接受移动草绘光标时所提供的约束来约束几何，也可以使用约束工具命令来约束现有的草绘图元。当在某个约束的公差内移动草绘光标时，光标将捕捉该约束并在图元旁边显示其图形符号。可以使用如表 2-2 所示的鼠标操作来控制约束的提供。

表 2-2　动态控制约束的操作技巧

| 序号 | 鼠标操作 | 操作用途及结果 |
|------|----------|----------------|
| 1 | 单击 | 接受约束以完成对图元的草绘 |
| 2 | 右键单击 | 锁定约束并继续进行草绘 |
| 3 | 右键单击两次 | 禁止所提供的约束并继续进行草绘 |
| 4 | 右键单击三次 | 启动所提供的约束并继续进行草绘 |
| 5 | 按住 Shift 键 | 禁止提供约束 |
| 6 | 按住 Tab 键 | 在多个活动约束之间进行切换，以便锁定或禁用它们 |

在默认情况下，约束符号显示在草绘器中。可以在图形工具栏中单击"草绘器显示过滤器"按钮　并从其打开的列表中选中或取消选中"显示约束"复选框来控制约束的显示与否。

### 2.6.2　添加及删除约束

#### 1．添加约束

添加约束的一般方法如下。

（1）在功能区 "草绘"选项卡的"约束"组中单击要应用的约束按钮。

（2）在图形窗口中选择要约束的一个或多个图元，选择了用于定义约束的足够图元后，系统便会应用该约束。

#### 2．删除约束

删除约束的方法很简单，即选择要删除的约束，接着按 Delete 键，或者单击鼠标右键并从快捷菜单中选择"删除"选项，所选约束即被删除。

## 2.7　二维草图综合范例

本节介绍二维草图综合范例，旨在复习本章所学的一些草绘知识，并掌握二维草图绘制的一般方法、步骤和技巧等。

综合范例：绘制图 2-50 所示的二维草图。

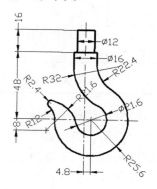

图 2-50　二维草图综合范例

本综合范例具体的操作步骤如下。

### 1．新建一个草绘文件

（1）在快速访问工具栏中单击"新建"按钮▣，或者按 Ctrl+N 快捷键，系统会弹出"新建"对话框。

（2）在"类型"选项组中单击"草绘"单选按钮，在"文件名"文本框中输入"guagou"，然后单击"确定"按钮，从而新建一个草绘文件。

### 2．绘制中心线

在"草绘"选项卡的"草绘"组中单击"中心线"按钮 中心线，在绘图区绘制相互垂直的中心线，然后选择"构造模式"，绘制 R25.6 和 $\phi$21.6 两个同心圆弧的中心线，如图 2-51 所示。

图 2-51　绘制中心线

### 3．绘制挂钩顶部直径 $\phi$12、长 16 的圆柱段投影矩形

（1）单击"草绘"组中的"拐角矩形"按钮▢，在绘图区粗绘矩形，然后单击"约束"组中的"对称"按钮 ↔，使矩形两边关于竖直中心线对称。

（2）单击"尺寸"按钮 ↔，标注尺寸如图 2-52 所示。

（3）单击"修改"按钮 ⇉，弹出"修改尺寸"对话框，取消选中"重新生成"复选框，依次选择需修改的尺寸，如图 2-53 所示。

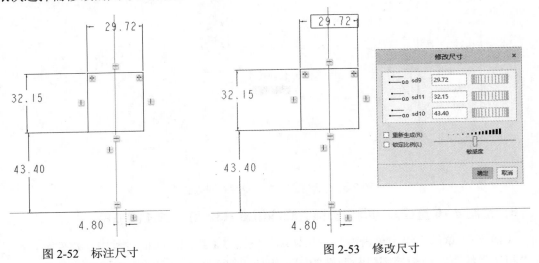

图 2-52　标注尺寸　　　　　　　　　　图 2-53　修改尺寸

（4）按图 2-53 所示修改尺寸，然后单击"确定"按钮，完成尺寸修改。

### 4．绘制与下部圆弧衔接的 $\phi$16 直径段

（1）单击"草绘"组中的"线链"按钮 ↗，在 12×16 矩形下方绘制一条水平直线，然后添加"对称"约束，使线段关于竖直中心线对称。再次添加"重合"约束，使线段与

矩形下边重合。

（2）初绘 $\phi 16$ 直径段的两边，使左边长度略长于右边。

（3）标注水平线段长度，并将线段长度修改为 16，如图 2-54 所示。

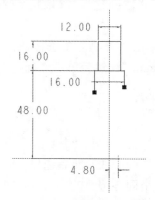

图 2-54　绘制 $\phi 16$ 直径段

### 5. 绘制 R25.6 和 $\phi 21.6$ 两个同心圆弧

（1）在"草绘"组中单击"圆心和端点"按钮，在绘图区粗绘两个同心圆弧，然后单击"尺寸"按钮，标注尺寸。

（2）按图 2-50 所示修改尺寸，修改后如图 2-55 所示。

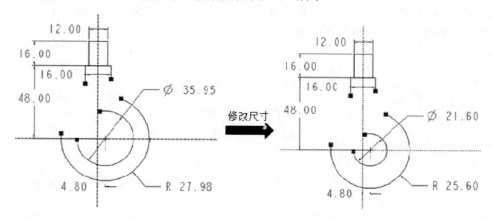

图 2-55　绘制 R25.6 和 $\phi 21.6$ 同心圆弧

### 6. 绘制 $\phi 16$ 直径段与同心圆弧之间的衔接 R32 和 R22.4 圆弧段

（1）在"草绘"组中单击"3 点/相切端"按钮，绘制圆弧的过程中，软件会自动捕捉"相切"约束，使衔接圆弧与两端的图元相切，然后单击"尺寸"按钮，标注尺寸。

（2）按图 2-50 所示修改尺寸，修改后如图 2-56 所示。

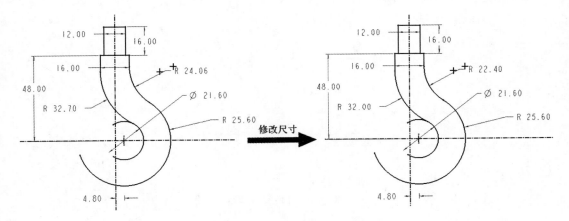

图 2-56 绘制 R32 和 R22.4 衔接圆弧段

## 7. 绘制挂钩端部 R21.6 和 R12 两个圆弧段

在"草绘"组中单击"3 点/相切端"按钮，分别粗绘两端圆弧，然后单击"尺寸"按钮，标注尺寸。接下来修改尺寸（先保证尺寸），然后添加"相切"约束，如图 2-57 所示。

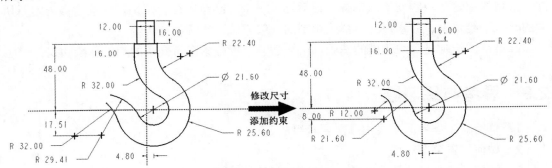

图 2-57 绘制挂钩端部 R21.6 和 R12 圆弧段

## 8. 端部倒 R2.4 圆角

（1）在"草绘"组中单击"圆形修剪"按钮，依次选择 R21.6 和 R12 两个圆弧段，然后单击鼠标中键结束命令。

（2）单击"尺寸"按钮，按图 2-50 所示标注并修改末端圆角尺寸。

## 9. 删除多余曲线

完成挂钩草绘图，如图 2-58 所示。

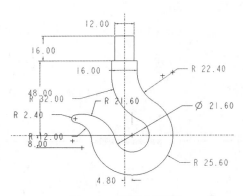

图 2-58 挂钩草绘图

## 2.8 本章小结

Creo Parametric 8.0 具有强大的草绘功能，用户使用这些草绘功能可以快速而准确地绘制所需的草图。本章主要介绍了草绘器概述、创建基本草绘图元、编辑二维图形、使用截面、尺寸标注、几何约束。其中，创建基本草绘图元、编辑二维图形、使用截面、尺寸标注和几何约束这些内容要重点掌握。最后通过一个二维草图综合范例，让读者复习本章所学的一些草绘知识，并掌握二维草图绘制的一般方法、步骤和技巧等。

二维草图绘制是三维建模的基础，用户必须掌握好本章所介绍的相关草绘知识。

## 2.9 思考与练习题

1．草绘器工作界面主要由哪些要素组成？

2．如何设置草图环境？

3．如何理解强尺寸和弱尺寸、强约束和弱约束的概念？

4．什么是构造线？如何将实线转换为构造线？什么是构造模式？

5．如何标注圆或圆弧的直径/半径尺寸？

6．绘制图 2-59 所示的二维图形，并标注和修改其尺寸。

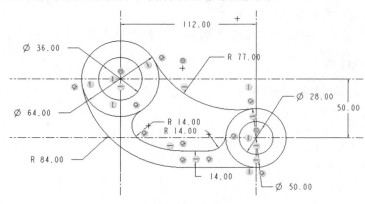

图 2-59 草绘练习 1

7. 新建一个草绘文件，在草绘器中绘制图 2-60 所示的二维图形。

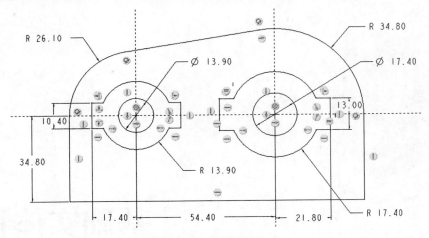

图 2-60 草绘练习 2

# 第 3 章

# 基础实体特征

　　基础特征是三维零件模型中重要的一类几何特征，包括拉伸特征、旋转特征、扫描特征、螺旋扫描特征、混合特征和扫描混合特征。基础特征可以被看作是将草绘截面通过指定的方式（如拉伸、旋转、扫描、螺旋扫描、混合或扫描混合）来创建的。本章将结合应用范例来介绍常见基础特征的创建知识。

## 3.1　拉伸特征

　　拉伸是指沿垂直于草绘平面的直线路径方向生成三维实体的一种造型方法。拉伸可以添加材料创建实体、曲面及薄壳特征，也可以去除材料形成孔类特征。

### 1. "拉伸" 操控板

　　单击功能区 "模型" 选项卡 "形状" 组中的 "拉伸" 按钮，界面顶部显示 "拉伸" 操控板，如图 3-1 所示。

图 3-1　"拉伸" 操控板

### 2. "拉伸" 操控板主要工具按钮介绍

1）特征类型

（1）拉伸实体：单击 "拉伸" 操控板中的 "实心" 按钮□，使其呈按下状态。

（2）移除材料：单击 "实心" 按钮□和 "移除材料" 按钮，使其同时呈按下状态。

（3）创建薄壳：单击 "实心" 按钮□和 "加厚草绘" 按钮□，使其同时呈按下状态。

（4）拉伸曲面：单击 "曲面" 按钮。拉伸曲面情况下移除材料和创建薄壳时都需要存在曲面特征。

2）方向控制

在改变拉伸方向时，可单击图形区的方向箭头来控制拉伸方向，也可单击"拉伸"操控板中的"方向"按钮⊠来控制拉伸方向。

（1）添加材料拉伸生成实体或曲面时，由"方向"按钮✕控制特征相对于草绘平面的方向。

（2）创建薄壳特征时，第一个"方向"按钮✕控制特征相对于草绘平面的方向，第二个"方向"按钮⊠（此按钮在按钮按下时出现）控制材料沿厚度的生长方向。

（3）移除材料时，两个"方向"按钮✕和⊠分别从两个相互垂直方向控制材料移除方向。

3）拉伸深度控制类型

单击"拉伸"操控板中的"深度"下拉按钮，弹出 6 种拉伸深度控制类型，"深度"各选项的含义如表 3-1 所示。

表 3-1 拉伸深度类型

| 序 号 | 图 标 | 图 标 名 称 | 拉伸深度类型说明 |
| --- | --- | --- | --- |
| 1 | | 盲孔 | 通过尺寸来确定特征的单侧深度 |
| 2 | | 对称 | 表示以草绘平面为基准沿两个方向创建特征，两侧的特征深度均为总尺寸的一半 |
| 3 | | 到下一个 | 从草绘平面开始沿拉伸方向添加或去除材料，在特征到达第一个曲面时终止 |
| 4 | | 穿透 | 从草绘平面开始沿拉伸方向添加或去除材料，在特征到达最后一个曲面时终止 |
| 5 | | 穿至 | 从草绘平面开始沿拉伸方向添加或去除材料，当遇到用户所选择的实体模型曲面时停止 |
| 6 | | 到选定项 | 从草绘平面开始沿拉伸方向添加或去除材料，当遇到用户所选择的实体上的点、曲线、平面或一般面所在的位置时停止 |

4）带锥度拉伸

在"拉伸"操控板中单击"选项"按钮，弹出"选项"下滑面板，如图 3-2 所示。在下滑面板中选中"添加锥度"复选框，可以直接拉伸出带有锥度的拉伸特征，如图 3-3 所示。

图 3-2 "选项"下滑面板

图 3-3 带锥度拉伸

### 3．拉伸内部草绘

#### 1）进入草绘模式

单击"拉伸"操控板中的"放置"按钮，弹出的下滑面板如图 3-4 所示，单击其中的"定义"按钮，或在图形区内单击鼠标右键，在弹出的快捷菜单中选择"定义内部草绘"选项，弹出"草绘"对话框，即可进入内部草绘模式，如图 3-5 所示。

图 3-4　"放置"下滑面板　　　　　　图 3-5　"定义内部草绘"选项

#### 2）绘制截面草图时的注意事项

拉伸实体时截面草图必须为封闭图形；拉伸曲面和薄壳时截面草图可开放也可封闭；草图各图元可并行、嵌套，但不可自我交错。

### 4．编辑拉伸特征

从模型树或图形区中单击要修改的拉伸特征，弹出如图 3-6 所示的浮动工具栏。单击"编辑定义"按钮，完成拉伸特征的编辑；若只更改模型的几个尺寸，单击"编辑尺寸"按钮，双击尺寸激活尺寸输入框，完成尺寸修改；若想对模型参考进行修改，单击"编辑参考"按钮，在弹出的"编辑参考"对话框中对原始参考和新参考进行设置。

图 3-6　浮动工具栏

### 5．拉伸特征实例

下面将介绍创建一个连杆零件实例，在连杆机构中连杆主要用于运动方式的传递，其三维实体模型如图 3-7 所示。

图 3-7　连杆零件

该连杆零件的设计方法及步骤如下。

1）新建零件文件

（1）在快速访问工具栏上单击"新建"按钮，弹出"新建"对话框。

（2）在"类型"选项组中单击"零件"单选按钮，在"子类型"选项组中单击"实体"单选按钮；在"文件名"文本框中输入"liangan"并取消选中"使用默认模板"复选框，然后单击"确定"按钮，弹出"新文件选项"对话框。

（3）在"新文件选项"对话框的"模板"选项组中选择"mmns_part_solid_abs"选项。单击"确定"按钮，进入零件设计模式。

2）利用拉伸工具创建连杆的主框架结构

（1）单击"拉伸"按钮，打开"拉伸"操控板，默认"实心"按钮□为按下状态。

（2）选取 FRONT 基准平面作为草绘平面，进入草绘器。

（3）绘制图 3-8 所示的拉伸剖面，单击"确定"按钮。

（4）在"拉伸"操控板的"深度"选项列表框中选择"对称"选项，接着输入拉伸深度值为20。

（5）在"拉伸"操控板中单击"确定"按钮，效果如图 3-9 所示。

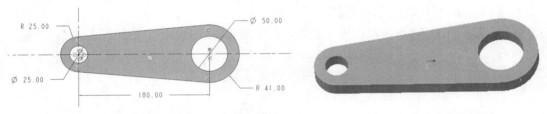

图 3-8　绘制剖面　　　　　　　　　　图 3-9　连杆主框架效果

3）利用拉伸工具创建圆台

（1）单击"拉伸"按钮，打开"拉伸"操控板，默认"实心"按钮□为按下状态。

（2）打开"拉伸"操控板的"放置"下滑面板，单击"定义"按钮，弹出"草绘"对话框。单击"草绘"对话框上的"使用先前的"按钮，进入草绘模式。

（3）绘制图 3-10 所示的拉伸剖面，单击"确定"按钮。

（4）在"拉伸"操控板的"深度"选项列表框中选择"对称"选项，输入其拉伸深度值为42，并注意确保取消"移除材料"按钮的按下状态。

（5）在"拉伸"操控板中单击"确定"按钮，创建的圆台如图 3-11 所示。

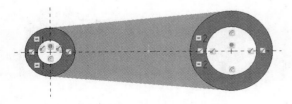 

图 3-10　绘制剖面　　　　　　　　　图 3-11　创建圆台

4）使用拉伸工具创建连杆的叉框架

（1）单击"拉伸"按钮，打开"拉伸"操控板，默认 "实心"按钮为按下状态。

（2）打开"拉伸"操控板的"放置"下滑面板，单击"定义"按钮，弹出"草绘"对话框。单击"草绘"对话框上的"使用先前的"按钮，进入草绘模式。

（3）绘制图 3-12 所示的拉伸剖面，单击"确定"按钮。

（4）在"拉伸"操控板的"深度"选项列表框中选择"对称"选项，输入其拉伸深度值为 20。

（5）在"拉伸"操控板中单击"确定"按钮，创建的叉框架如图 3-13 所示。

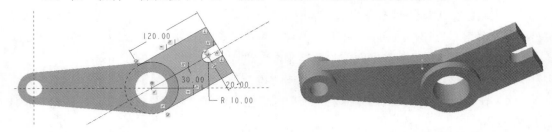

图 3-12　绘制拉伸剖面　　　　　　图 3-13　叉框架模型效果

5）以拉伸的方式切除出侧板造型

（1）选中如图 3-14 所示的零件表面，在弹出的窗口中单击"拉伸"按钮，系统自动进入内部草绘环境。

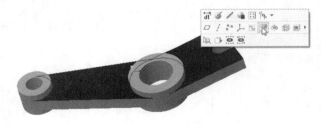

图 3-14　选择零件表面创建拉伸特征

（2）绘制图 3-15 所示的草图，单击"确定"按钮。

（3）在"拉伸"操控板中，默认"实心"按钮为按下状态，单击"移除材料"按钮，输入深度值 5，拉伸方向如图 3-16 所示。

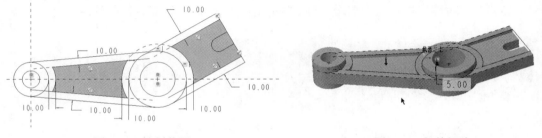

图 3-15　绘制草图　　　　　　　　图 3-16　拉伸切除

（4）在"拉伸"操控板中单击"确定"按钮。

6）创建镜像特征

（1）选中上一步的拉伸切除特征，单击"镜像"按钮 ，打开"镜像"操控板。

（2）选择 FRONT 基准平面作为镜像平面。

（3）单击"镜像"操控板中的"确定"按钮。

7）创建倒圆角特征

（1）单击"倒圆角"按钮 ，打开"倒圆角"操控板。

（2）在"倒圆角"操控板中设置当前倒圆角集的半径为 60。

（3）选择图 3-17 所示的倒圆角的边参考，然后单击"确定"按钮。

图 3-17　选择倒圆角的边参考

8）继续创建倒圆角

用同样的方法，单击"倒圆角"按钮 ，创建其他的倒圆角特征，这些圆角半径可以设置为 8，完成倒圆角操作的结果如图 3-18 所示。

图 3-18　倒 R8 圆角

9）边倒角

单击"边倒角"按钮 ，在圆台孔相应的边缘处创建尺寸规格为 C2 的边倒角特征。至此，完成连杆零件的三维建模操作。

## 3.2　旋转特征

旋转特征是指绕着中心线旋转草绘的截面来创建的特征，旋转特征可以是实体，也可以是曲面。使用"旋转"工具，可以以旋转的方式添加或移除材料，可以创建这些类型的旋转特征：旋转伸出项（实体、加厚）、旋转切口（实体、加厚）、旋转曲面、旋转曲面修剪（规则、加厚）。创建旋转特征必须要具备旋转轴和截面草图两个要素。旋转轴可以是草绘的中心线，也可以是已有实体的边或者已经存在的基准轴。在机械工业中，应用广泛的各类连接传动轴的建模大多都含有旋转特征，如图 3-19 所示。

图 3-19  传动轴

### 1. "旋转"操控板

单击功能区"模型"选项卡"形状"组中的"旋转"按钮 ⚙，界面顶部显示"旋转"操控板，如图 3-20 所示。

图 3-20  "旋转"操控板

### 2. "旋转"操控板的主要工具按钮简介

（1）旋转实体：单击"旋转"操控板中的"实心"按钮 □，使其呈按下状态。

（2）移除材料：单击"实心"按钮 □ 和"移除材料"按钮 ◿，使其同时呈按下状态。

（3）创建薄壳：单击"实心"按钮 □ 和"加厚草绘"按钮 ⊏，使其同时呈按下状态。

（4）旋转曲面：单击"曲面"按钮 ◠。

### 3. 旋转角度控制

旋转时可以从草绘平面开始单方向旋转截面草图，也可以双方向旋转截面草图。单击"旋转"操控板中的"选项"按钮，弹出"选项"下滑面板，在此面板中可以完成两个方向的旋转角度设置。图 3-21 所示图形即控制旋转角度创建的双侧不等的旋转特征。

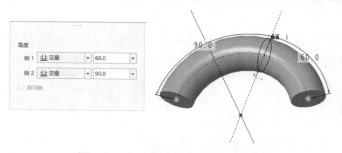

图 3-21  创建双侧不等的旋转特征

"角度"各选项的含义如表 3-2 所示。

表 3-2  旋转角度类型

| 序　号 | 图　　标 | 图 标 名 称 | 旋转角度类型说明 |
|---|---|---|---|
| 1 | ⬛ | 变量 | 按指定的角度从草绘平面开始单侧旋转截面草图创建特征，但要注意旋转方向和旋转角度的设置 |

续表

| 序　号 | 图　标 | 图 标 名 称 | 旋转角度类型说明 |
|---|---|---|---|
| 2 | | 对称 | 按指定角度的一半在草绘平面两侧同时创建旋转特征 |
| 3 | | 到选定项 | 从草绘平面开始沿指定方向添加或去除材料，当遇到用户所选择的实体上的点、曲线、平面或一般面所在的位置时结束生成 |

### 4．旋转操作内部草绘解析

1）进入草绘模式

单击"旋转"操控板中的"放置"按钮，弹出下滑面板，此时可以选择一个现有的草图或重新定义一个用于旋转操作的草图。若需重新定义一个草图，单击下滑面板中的"定义"按钮，弹出"草绘"对话框，指定草绘平面和相关参考，单击"草绘"对话框中的"草绘"按钮，进入草绘模式，此时用户便可以根据自己的意愿定义旋转截面的草图。

2）绘制草图的注意事项

（1）如果草图中存在多条中心线，那么 Creo 将自动以所绘的第一条中心线作为旋转轴，但用户也可以根据自己的需求，通过单击"放置"下滑面板中的轴选择控件，选择该草图中的其他中心线作为旋转轴。

（2）创建旋转实体时，旋转的截面草图必须为封闭的几何；创建旋转曲面和薄壳时，截面草图可以是开放的，但旋转的截面草图始终只能在中心线的一侧。

（3）绘制的草图不可以自相交。

（4）　旋转：内部 CL　为选择旋转轴列表框。用户在根据自己的需求选择其他中心线、基准轴或者实体边作为旋转轴之前，要先激活该列表框。

### 5．旋转特征实例

下面将介绍创建一个凸缘式轴承盖零件实例，该轴承盖采用通盖结构，如图 3-22 所示。在创建轴承盖时，需要结合轴承外径、密封件等尺寸来确定轴承盖的相关尺寸。

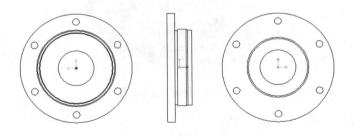

图 3-22　轴承盖

1）新建零件文件

（1）在快速访问工具栏上单击"新建"按钮，弹出"新建"对话框。

（2）在"类型"选项组中单击"零件"单选按钮，在"子类型"选项组中单击"实体"

单选按钮；在"文件名"文本框中输入"zhouchenggai"并取消选中"使用默认模板"复选框，然后单击"确定"按钮，弹出"新文件选项"对话框。

（3）在"新文件选项"对话框的"模板"选项组中选择"mmns_part_solid_abs"选项。单击"确定"按钮，进入零件设计模式。

2）以旋转的方式创建轴承盖主体

（1）单击"旋转"按钮 ，打开"旋转"操控板，默认"实心"按钮□为按下状态。

（2）选择 FRONT 基准平面作为草绘平面，进入草绘模式。

（3）单击"基准"组中的"中心线"按钮 ，绘制一条几何中心线，接着使用"线链"按钮 绘制封闭的旋转剖面，如图 3-23 所示，单击"确定"按钮。

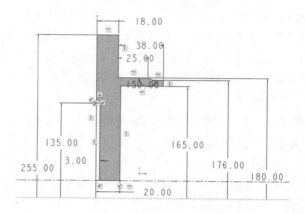

图 3-23　绘制旋转剖面

（4）接受默认的旋转角度为 360°，单击"确定"按钮，完成轴承盖回转体的创建，模型如图 3-24 所示。

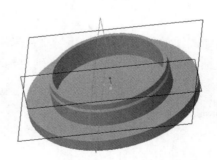

图 3-24　轴承盖回转体

3）以旋转的方式切除出安装毡圈的沟槽

（1）单击"旋转"按钮 ，打开"旋转"操控板。

（2）在"旋转"操控板上确保"实心"按钮□为按下状态，接着单击"移除材料"按钮 。

（3）打开"放置"下滑面板，单击"定义"按钮，弹出"草绘"对话框。单击"草绘"对话框中的"使用先前的"按钮，进入草绘模式。

（4）单击"基准"组中的"中心线"按钮，首先绘制一条水平的几何中心线作为回转体的旋转轴线。接着单击"草绘"组中的"中心线"按钮，绘制一条竖直的中心线作为辅助线。然后使用"线链"按钮 ∨ 绘制旋转剖面，如图 3-25 所示。单击"确定"按钮，完成草绘并退出草绘模式。

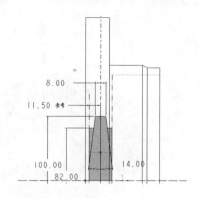

图 3-25 绘制旋转剖面

（5）接受默认的旋转角度为 360°，单击"确定"按钮，完成该沟槽创建。

4）以旋转的方式切除出一个环形槽

（1）单击"旋转"按钮 ，打开"旋转"操控板。

（2）在"旋转"操控板上确保"实心"按钮 □ 为按下状态，接着单击"移除材料"按钮 。

（3）打开"放置"下滑面板，单击"定义"按钮，弹出"草绘"对话框。单击"草绘"对话框中的"使用先前的"按钮，进入草绘模式。

（4）绘制图 3-26 所示草图，单击"确定"按钮。

（5）接受默认的旋转角度为 360°，单击"确定"按钮，完成该环形槽的创建，如图 3-27 所示。

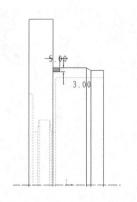

图 3-26 绘制环形槽剖面草图

图 3-27 环形槽效果图

5）创建拔模特征

（1）单击"拔模"按钮 ，打开"拔模"操控板。

（2）选择图 3-28 所示的零件曲面作为拔模曲面，然后选择与选定的拔模曲面垂直的环形面作为拔模枢轴，在"拔模"操控板上输入拔模角度为 2°，单击"反转角度以添加或移除材料"按钮 %。

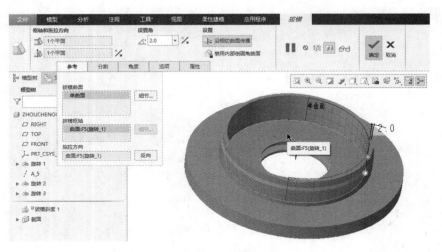

图 3-28　创建拔模特征

（3）单击"拔模"操控板中的"确定"按钮。

6）以拉伸的方式切除出一个通孔

（1）单击"拉伸"按钮 ⬚，打开"拉伸"操控板。

（2）指定要创建的模型特征为"实心" ⬚，并单击"移除材料"按钮 ⌀。

（3）打开"拉伸"操控板中的"放置"下滑面板，然后单击位于该面板中的"定义"按钮，弹出"草绘"对话框。

（4）选择图 3-29 所示的平面为草绘平面，以 TOP 基准平面为"上"方向参考，单击"草绘"按钮，进入草绘模式绘制草图。

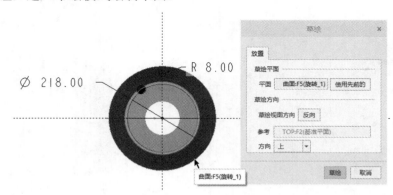

图 3-29　绘制 $\phi$16 mm 通孔草绘截面

（5）在"拉伸"操控板中选择"深度"选项列表框中的"穿透"选项 ⧫，然后单击"确定"按钮，完成 $\phi$16 mm 通孔的创建。

7）以阵列方式完成其余通孔

（1）选择刚创建的通孔，单击"阵列"按钮。

（2）在"阵列"操控板的"选择阵列类型"下拉列表中选择"轴"选项，然后在模型中选择默认基准坐标系的 $X$ 轴。

（3）在"阵列"操控板中设置第一方向的阵列成员数为 6，阵列角度范围为 360，如图 3-30 所示，然后单击"确定"按钮。

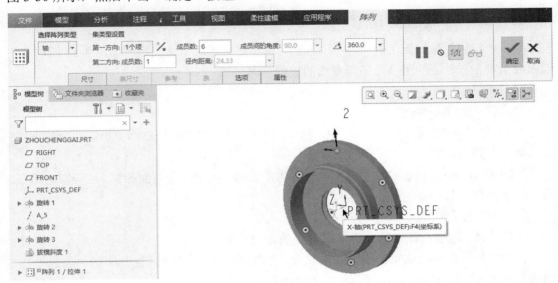

图 3-30　创建孔阵列

至此，完成了该凸缘式轴承盖的创建操作。

## 3.3　扫描特征

扫描功能是使用一个截面沿一条或多条轨迹扫描出所需的实体、曲面或薄壳的建模方法。创建扫描特征需要创建两类草图特征：扫描轨迹和扫描截面。扫描轨迹可以有多条，可指定现有的曲线、边，也可进入草绘模式绘制轨迹。扫描截面包括恒定截面和可变截面两种。恒定截面是指在沿轨迹扫描的过程中，草绘的形状不变，仅截面所在框架的方向发生变化。可变截面则是指将草绘图元约束到其他轨迹（中心平面或现有几何），或使用由 trajpar 参数设置的截面关系来使草绘可变。

trajpar 参数在 Creo Parametric 8.0 中表示轨迹路径，其值是介于 0 到 1 之间的线型变量，0 表示轨迹起点，1 表示轨迹终点，一般在关系中用作自变量。使用带 trajpar 参数的截面关系可以使截面可变。

下面将对扫描命令进行简要介绍。

### 1."扫描"操控板

单击功能区"模型"选项卡"形状"组中的"扫描"按钮，界面顶部弹出"扫描"操控板，如图 3-31 所示。

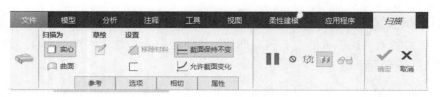

图 3-31 "扫描"操控板

### 2."参考"下滑面板

单击"扫描"操控板上的"参考"按钮，弹出"参考"下滑面板，如图 3-32 所示。在该面板指定扫描轨迹的类型及扫描截面的控制方向。

1）扫描轨迹

扫描轨迹的类型有两种。

（1）原点轨迹：在扫描的过程中，截面的原点永远落在此轨迹上，创建扫描特征时必须选择一条原点轨迹。

（2）链轨迹：指扫描过程中截面顶点参考的轨迹，用于可变截面扫描。它可以有多条，其中一条可以是截面 $X$ 方向上的控制轨迹。

2）字母选项含义

（1）"X"选项：该轨迹作为 $X$ 方向上的控制轨迹。

（2）"N"选项：该轨迹作为法向轨迹，扫描截面与该轨迹垂直。例如，当选中链 1 轨迹中的"N"选项时，扫描截面与链 1 轨迹垂直。

（3）"T"选项：切向参考。

3）扫描截平面控制

扫描截平面控制就是在扫描过程中对扫描截面的 $X$ 方向和 $Z$ 方向进行选择和控制。$Z$ 方向控制有 3 种："垂直于轨迹""垂直于投影"和"恒定法向"，单击"截平面控制"下拉三角按钮，如图 3-33 所示。

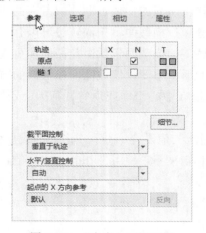

图 3-32 "参考"下滑面板

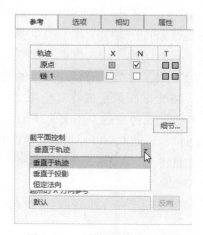

图 3-33 "截平面控制"种类

（1）"垂直于轨迹"选项：在扫描过程中，扫描截面始终垂直于指定的轨迹，系统默认是垂直于原点轨迹。选择方法：在"截平面控制"下拉列表框中选择"垂直于轨迹"选项，回到"轨迹"选项框中，在对应的轨迹右侧选中"N"复选框。

（2）"垂直于投影"选项：扫描过程中扫描截平面始终与轨迹在某个平面的投影垂直。当选择该选项时，系统要求选取一个平面、轴、坐标系轴或直图元来定义轨迹的投影方向。

（3）"恒定法向"选项：扫描过程中截平面的 Z 方向总是指向某一个方向。选择该选项时，系统要求选取一个平面、轴、坐标轴或直图元来定义法向，且截平面的绘图原点落在原点轨迹上。

### 3．扫描轨迹及扫描截面的要求

1）扫描轨迹的要求

（1）扫描轨迹草图图元可封闭也可开放，但不能有交错情形。

（2）扫描轨迹可以是草绘的直线、圆弧、曲线或者三者的组合，也可以是已存在的基准曲线、模型边界。

（3）截面草图与轨迹截面之间的比例要恰当。比例不恰当通常会导致特征创建失败。若扫描轨迹曲率半径过小，草绘截面比较大，截面在扫描时会自我交错，从而导致扫描特征创建失败。

2）扫描截面的要求

（1）扫描截面草图各图元可并行、嵌套，但不可自我交错。

（2）扫描实体时扫描截面必须封闭，扫描曲面和薄壳时扫描截面可开放也可封闭。

（3）系统会自动将截面草图的绘图平面定义为扫描轨迹的法向，并通过扫描轨迹的起点。

### 4．可变截面扫描特征

可变截面扫描特征的外形首先取决于扫描截面的形状，其次是扫描截面中各图元与轨迹之间的约束。扫描截面的变化可以通过其他轨迹控制，也可以利用关系式或基准图形控制。可变截面扫描特征的创建常使用关系式搭配轨迹参数 trajpar。轨迹参数 trajpar 是可变截面扫描特征的一个特有参数。轨迹参数实际上是扫描过程中扫描截面与原点轨迹的交点到扫描起点的距离占整个原点轨迹的比例值，其数值范围为 0～1。用轨迹参数 trajpar 可以控制大小渐变、螺旋变化以及循环变化，从而得到各种各样的截面形状。

### 5．扫描属性

单击"扫描"操控板上的"选项"按钮，弹出"选项"下滑面板。当扫描特征为实体或薄板特征时，"合并端"复选框为可选项，未选中则认为是"自由端"，合并端和自由端的特性如下。

（1）自由端：扫描命令在端部不做任何特殊处理，扫描几何和已有几何之间产生间隙，未选中"合并端"复选框的效果如图 3-34 所示。

（2）合并端：系统自动计算扫描出的几何特征延伸并和已有的实体进行合并，从而消除扫描的几何特征和已有几何之间的间隙，选中"合并端"复选框的效果如图 3-35 所示。

图 3-34　"自由端"属性

图 3-35　"合并端"属性

扫描曲面时，"选项"下滑面板中的"封闭端"复选框为可选项，未选中则认为是开放端，封闭端和开放端的特性如下。

（1）开放端：扫描的曲面端部开放，如图 3-36 所示。

（2）封闭端：扫描的曲面端部封闭，如图 3-37 所示。

图 3-36　"开放端"属性

图 3-37　"封闭端"属性

### 3.3.1　恒定截面扫描

常见的采用恒定截面扫描创建的零件有 L 形内六角扳手，下面以规格尺寸 8 的内六角扳手为例介绍创建恒定截面扫描特征的一般方法和步骤。

#### 1．新建文件

（1）在快速访问工具栏上单击"新建"按钮，弹出"新建"对话框。

（2）在"类型"选项组中单击"零件"单选按钮，在"子类型"选项组中单击"实体"单选按钮；在"文件名"文本框中输入"NLJBS"并取消选中"使用默认模板"复选框，然后单击"确定"按钮，弹出"新文件选项"对话框。

（3）在"新文件选项"对话框的"模板"选项组中选择"mmns_part_solid_abs"选项。单击"确定"按钮，进入零件设计模式。

#### 2．草绘创建扫描轨迹

绘制图 3-38 所示的扫描轨迹。

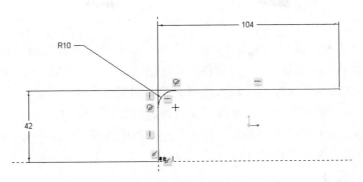

图 3-38　绘制扫描轨迹

### 3．创建 L 形内六角扳手

（1）单击功能区"模型"选项卡"形状"组中的"扫描"按钮 ，界面顶部弹出"扫描"操控板。保持默认设置不变，选中轨迹，单击"草绘"按钮 ，进入草绘模式。

（2）在内部草绘器中绘制图 3-39 所示的截面，单击"确定"按钮，退出草绘模式。

（3）单击"扫描"操控板上的"确定"按钮，完成 L 形内六角扳手的创建，结果如图 3-40所示。

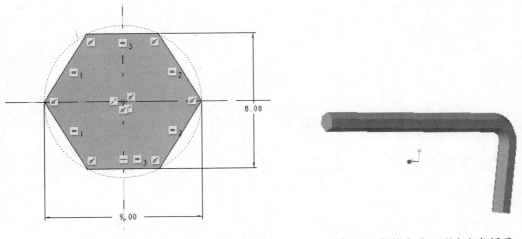

图 3-39　草绘截面　　　　　　　　　　图 3-40　扫描生成 L 形内六角扳手

## 3.3.2　可变截面扫描

在使用扫描工具的过程中，单击"变截面扫描"按钮 可以创建可变截面扫描特征，实现扫描截面可变的方式主要有两种：一种是通过将草绘图元约束到其他轨迹来在扫描过程中更改截面形状；另一种则是使用关系（由 trajpar 设置）定义标注形式来使截面草绘可变。下面介绍创建可变截面扫描的两个范例。

### 1．范例 1

通过将草绘截面图元约束到其他轨迹来创建可变截面扫描特征。

1）新建文件

（1）在快速访问工具栏上单击"新建"按钮□，弹出"新建"对话框。

（2）在"类型"选项组中单击"零件"单选按钮，在"子类型"选项组中单击"实体"单选按钮；在"文件名"文本框中输入"可变截面扫描 1"并取消选中"使用默认模板"复选框，然后单击"确定"按钮，弹出"新文件选项"对话框。

（3）在"新文件选项"对话框的"模板"选项组中选择"mmns_part_solid_abs"选项。单击"确定"按钮，进入零件设计模式。

2）草绘扫描轨迹

（1）单击"基准"组中的"草绘"按钮，在 FRONT 基准平面内绘制图 3-41 所示的曲线 1，然后单击"确定"按钮，退出草绘环境。

（2）单击"基准"组中的"平面"按钮□，新建基准平面 DTM1，选择 FRONT 基准平面作为参考，并设置为偏移方式，偏距为 200。

（3）单击"基准"组中的"草绘"按钮，在 DTM1 基准平面内绘制图 3-42 所示的曲线 2，然后单击"确定"按钮，退出草绘环境。

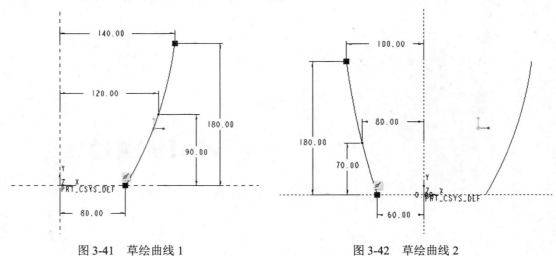

图 3-41　草绘曲线 1　　　　　　　　　图 3-42　草绘曲线 2

3）创建可变截面扫描

（1）单击功能区"模型"选项卡"形状"组中的"扫描"按钮，界面顶部弹出"扫描"操控板。保持默认设置不变，打开"参考"下滑面板，按住 Ctrl 键的同时依次选中草绘曲线 1 和草绘曲线 2，并选中"链 1"中的"X"复选框，如图 3-43 所示。然后单击"草绘"按钮，进入草绘模式。

（2）绘制图 3-44 所示的圆截面，使圆与两条扫描轨迹相交，然后单击"确定"按钮，退出草绘环境。

（3）单击"扫描"操控板中的"确定"按钮，完成可变截面扫描特征的创建，效果如图 3-45 所示。

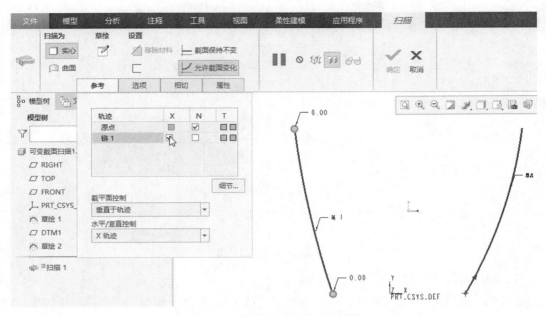

图 3-43　选择轨迹并确定 X 轴方向

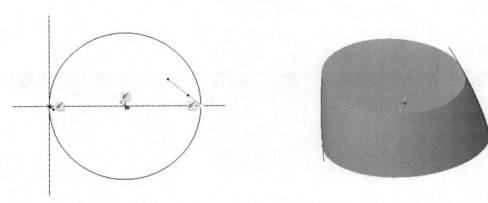

图 3-44　绘制截面　　　　　　　　图 3-45　可变截面扫描（垂直于轨迹）

## 2．范例 2

创建使用关系的可变截面扫描特征。

1）新建文件

（1）在快速访问工具栏上单击"新建"按钮，弹出"新建"对话框。

（2）在"类型"选项组中单击"零件"单选按钮，在"子类型"选项组中单击"实体"单选按钮；在"文件名"文本框中输入"可变截面扫描 2"并取消选中"使用默认模板"复选框，然后单击"确定"按钮，弹出"新文件选项"对话框。

（3）在"新文件选项"对话框的"模板"选项组中选择"mmns_part_solid_abs"选项。单击"确定"按钮，进入零件设计模式。

2）草绘扫描轨迹

单击"基准"组中的"草绘"按钮，在 FRONT 基准平面内绘制图 3-46 所示的曲线，然后单击"确定"按钮✔，退出草绘环境。

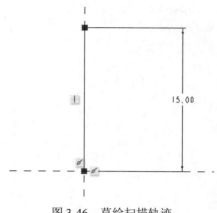

图 3-46　草绘扫描轨迹

3）创建可变截面扫描

（1）单击功能区"形状"组中的"扫描"按钮📦，界面顶部弹出"扫描"操控板。保持默认设置不变，单击"允许截面变化"按钮⊾，打开"参考"下滑面板，选中扫描轨迹曲线，然后单击"草绘"按钮📐，进入草绘模式。

（2）草绘截面，然后单击"工具"选项卡，在"模型意图"组中单击"关系"按钮，弹出"关系"对话框，如图 3-47 所示。

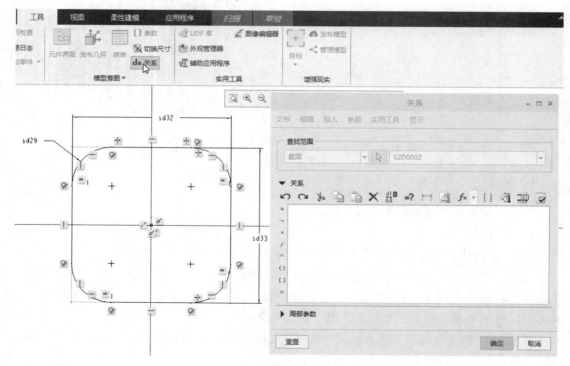

图 3-47　草绘截面

（3）在"关系"对话框的文本框中输入带 trajpar 参数的截面关系，如图 3-48 所示。

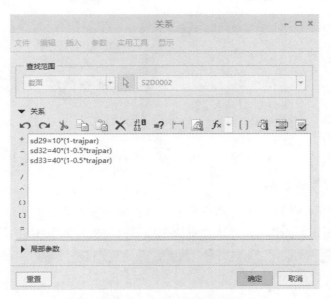

图 3-48 带 trajpar 参数的截面关系

（4）单击"关系"对话框中的"确定"按钮，在功能区中切换到"草绘"操控板，接着在"草绘"操控板中单击"确定"按钮，从而完成截面草绘，并退出内部草绘器。

4）完成模型创建

在"扫描"操控板中单击"确定"按钮，完成模型创建，如图 3-49 所示。

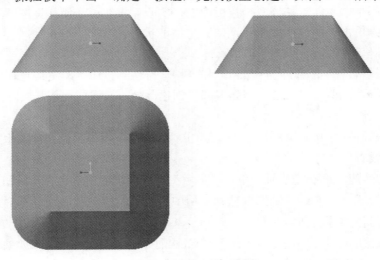

图 3-49 模型最终效果

## 3.4 螺旋扫描特征

螺旋扫描是一种沿螺旋轨迹曲线扫描二维截面来创建三维几何特征的创建方法。其中，螺旋轨迹曲线由螺旋轴与螺旋轮廓定义而成。在定义扫描截面以后，该截面沿螺旋轨迹曲线扫描形成螺旋扫描特征，如图 3-50 所示。

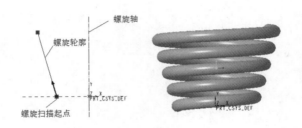

图 3-50 螺旋扫描特征

## 1."螺旋扫描"操控板

单击功能区"模型"选项卡"形状"组中"扫描"按钮旁的倒三角,在出现的下拉列表中单击"螺旋扫描"按钮 QQQ,弹出"螺旋扫描"操控板,如图 3-51 所示。

图 3-51 "螺旋扫描"操控板

## 2.螺旋扫描特征控制

1)螺旋扫描类型

❑ 实体:单击"螺旋扫描"操控板中的"实心"按钮 ❒,使其呈按下状态。

❑ 曲面:单击"曲面"按钮 ❒,使其呈按下状态。

2)螺旋扫描设置

❑ 移除材料:单击"实心"按钮 ❒ 和"移除材料"按钮 ◿,使其同时呈按下状态。

❑ 薄壳特征:单击"实心"按钮 ❒ 和"创建薄壳"按钮 ❒,使其同时呈按下状态。

3)扫描轮廓

(1)单击操控板中的"参考"按钮,弹出"参考"下滑面板。在此面板中可以对扫描轮廓进行相关设置。

(2)绘制螺旋轮廓和螺旋轴:单击"参考"下滑面板中的"定义"按钮,选择草绘平面,进入草绘模式。用实线绘制螺旋轮廓,用中心线绘制螺旋轴,或者选择已有的基准轴或模型的某条边作为螺旋轴。

(3)螺旋轮廓起点的调整:系统有一个默认的螺旋扫描起点。用户如果希望改变此起点,只需要在完成螺旋轮廓的绘制后单击示意起点的箭头。

4)扫描截面

(1)单击"螺旋扫描"操控板中的"草绘"按钮 ⬚,进入草绘模式,绘制扫描截面。

(2)设置截面方向。单击操控板中的"参考"按钮,在弹出的"参考"下滑面板中设置截面方向。

❑ "穿过螺旋轴"选项:扫描截面位于穿过螺旋轴的平面内。

❑ "垂直于轨迹"选项:扫描截面的法方向将与轨迹线时刻保持垂直。

5）螺旋方向

定义轨迹的螺旋方向。

单击"螺旋扫描"操控板中的"左手定则"按钮，创建的特征为左旋；单击功能区中的"右手定则"按钮，创建的特征为右旋。

6）螺距控制

单击"间距"按钮，弹出"间距"下滑面板。通过添加"间距"来控制螺距。

### 3. 螺旋扫描实例 ——丝杠

丝杠是将回转运动转化为直线运动，或将直线运动转化为回转运动的零件。本例以丝杠为建模对象，帮助读者掌握创建螺旋扫描特征的操作，并进一步熟悉旋转特征的使用。

1）建立一个新文件

建立文件名为"sigang"的新文件。

2）创建丝杠主体

（1）单击功能区"形状"组中的"旋转"按钮 ，界面顶部显示"旋转"操控板，单击"放置"下滑面板中的"定义"按钮，弹出"草绘"对话框。指定"草绘平面"为基准平面 FRONT 面、"参考"为基准平面 RIGHT 面，"方向"向右，其余选项使用系统默认值。单击对话框中的"草绘"按钮，进入草绘模式。

（2）绘制如图 3-52 所示的轮廓。单击功能区"确定"按钮，退出草绘模式。然后单击"旋转"操控板上的"确定"按钮，完成主体的创建，效果如图 3-53 所示。

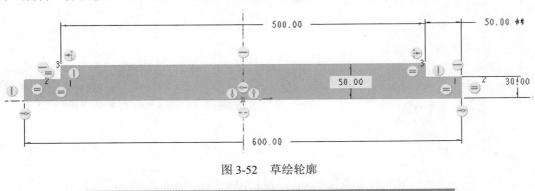

图 3-52　草绘轮廓

图 3-53　创建主体

3）创建螺纹

（1）单击功能区"形状"组中"扫描"按钮旁的倒三角，在下拉列表中单击"螺旋扫描"按钮 ，界面顶部弹出"螺旋扫描"操控板。

（2）草绘螺旋轴和螺旋轮廓。

单击"参考"下滑面板中的"定义"按钮，在"草绘"对话框中单击"使用先前的"

按钮。以主体的轴线为参考绘制螺旋轴，以主体的上轮廓边为参考绘制螺旋轮廓（绘制一条直线），如图 3-54 所示。单击"确定"按钮，完成扫描轮廓的创建。

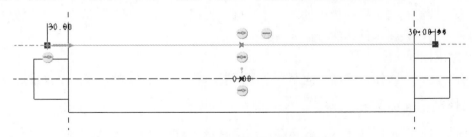

图 3-54　草绘螺旋轴和螺旋轮廓

（3）设置螺旋扫描参数。

在"间距"选项下方的文本框中输入螺纹间距 15，在"设置"选项下方单击"移除材料"按钮 ⊿，其余设置保持默认。

（4）草绘扫描截面。

单击"螺旋扫描"操控板上的"草绘"按钮 ⊿，进入草绘模式。在虚线十字交叉处草绘如图 3-55 所示的梯形轮廓，单击"确定"按钮，退出草绘模式。

（5）单击"螺旋扫描"操控板上的"确定"按钮，完成螺纹扫描，结果如图 3-56 所示。

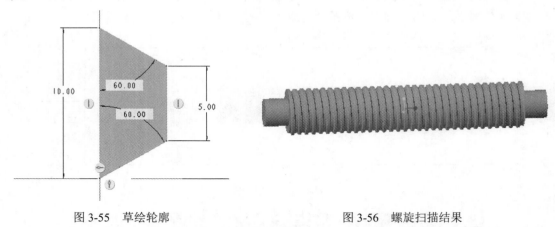

图 3-55　草绘轮廓　　　　　　　　　　图 3-56　螺旋扫描结果

4）倒角

为丝杠两顶端端面轮廓倒角，倒角值为 1。

5）倒圆角

为丝杠两端圆柱台阶处倒圆角，圆角半径为 5。

## 3.5　混合特征

混合特征就是将一组截面在其边线处用过渡曲面连接形成的一个连续的特征。创建混合特征至少需要两个截面。

### 1. "混合" 操控板

单击功能区 "模型" 选项卡 "形状" 组中的 "混合" 按钮，打开 "混合" 操控板，如图 3-57 所示。

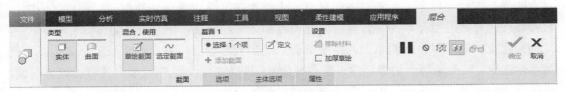

图 3-57　"混合" 操控板

**1)"截面" 下滑面板**

特征的截面可以草绘也可以选取已有截面。单击 "混合" 操控板中的 "截面" 按钮，打开 "截面" 下滑面板，如图 3-58 所示。若需草绘截面，则单击 "草绘截面" 单选按钮；若选取已有截面，则单击 "选定截面" 单选按钮。

**2)"选项" 下滑面板**

"选项" 下滑面板用于控制过渡曲面的属性。单击 "混合" 操控板中的 "选项" 按钮，打开 "选项" 下滑面板，如图 3-59 所示。

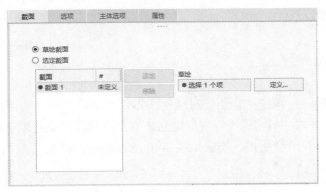

图 3-58　"截面" 下滑面板

图 3-59　"选项" 下滑面板

### 2. 混合特征截面要求

混合特征各截面必须满足以下要求。

（1）可使用多个截面定义混合特征，至少要有两个截面。

（2）混合为实体时每个截面草图必须封闭。

（3）每个截面只允许有一个环。

（4）每个截面草图的顶点数量必须相同。

当截面草图的顶点数不相同时，可采用以下两种方法使得每个截面草图的顶点数量相同。

方法一：利用 "分割" 按钮把图元打断，产生数量相同的顶点。

方法二：利用混合顶点。混合边界会从一个截面的顶点混合至另一个截面的顶点，每个顶点一般只允许一条边界通过。若单击选中顶点并按鼠标右键，在弹出的快捷菜单中选择"混合顶点"选项，便会在顶点处显示小圆圈符号，将允许多条边界通过。在同一个截面中可加设多个混合顶点，在同一个顶点处也可加设多个混合顶点。值得注意的是，各个截面草图的顶点与混合顶点的数量之和必须相等。

截面草图也可以是点。若草图中只有一个点存在，并没有额外的图元，如直线或圆，它将被视为有效的截面草图，其他截面的顶点都会与它连接，定义混合边界。

起始点：对于每个截面草图，系统都会自动加设起始点，并以箭头显示。起始点不能是混合顶点，第一条混合边界将通过所有截面草图的起始点。选中某顶点并单击鼠标右键，在弹出的快捷菜单中选择"起点"选项，便将起始点移到该点。选中起始点并单击鼠标右键，在弹出的快捷菜单中再次选择"起点"选项，便能改变箭头的方向。

### 3．增加/删除截面

增加截面：绘制一个截面草图后，单击功能区中的"确定"按钮，退出草绘模式。单击"截面"下滑面板中的"添加"按钮，设置新增截面的偏移参考和偏移值。单击"草绘"按钮进入草绘模式，绘制第二个截面草图。

删除指定的截面：在"截面"下滑面板中的列表框中选中需要删除的截面，单击"移除"按钮便能将其删除。

### 4．混合建模实例 ——圆柱铣刀

1）建立一个新文件

建立文件名为"xidao"的新文件。

2）创建铣刀截面草图 1

单击"基准"组"草绘"按钮，弹出"草绘"对话框。指定"草绘平面"为基准平面 FRONT 面、"参考"为基准平面 RIGHT 面，"方向"向右，其余选项使用系统默认值。单击对话框中的"草绘"按钮，进入草绘模式。绘制如图 3-60 所示的铣刀截面草图 1。

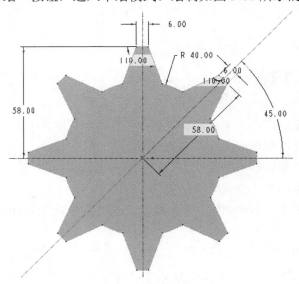

图 3-60　铣刀截面草图 1

3）创建铣刀截面草图 2

（1）单击"基准"组"平面"按钮◻，选择基准平面 FRONT 面作为参考，偏移距离为 45，创建基准平面 DTM1。

（2）单击"基准"组"草绘"按钮，弹出"草绘"对话框。指定"草绘平面"为基准平面 DTM1 面、"参考"为基准平面 RIGHT 面，"方向"向右，其余选项使用系统默认值。单击对话框中的"草绘"按钮，进入草绘模式。

（3）单击"草绘"组"投影"按钮▱，在弹出的"类型"对话框中选择"环"选项，任一选择截面草图 1 中一条边，截面草图 1 投影到基准平面 DTM1 面上。

（4）框选基准平面 DTM1 面上所有图元，单击"编辑"组"旋转调整大小"按钮↻，在弹出的操控板的"角度"选项中输入 30，"比例因子"默认为 1 不变，单击"确定"按钮。

4）创建铣刀截面草图 3～草图 6

以基准平面 DTM1 为参考，按照步骤 3）创建基准平面 DTM2，将其作为草绘平面，然后以截面草图 2 作为参考创建投影，对创建的投影按照步骤 3）进行旋转调整以创建截面草图 3。依照同样的步骤和方法依次创建截面草图 4～草图 6，如图 3-61 所示。

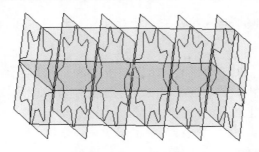

图 3-61　铣刀截面草图组

5）创建圆柱铣刀主体

单击功能区"模型"选项卡"形状"组中的"混合"按钮，打开"混合"操控板，在"截面"下滑面板中选中"选定界面"单选按钮，选择截面草图 1，单击"添加"按钮，然后依次选择截面草图 2～草图 6，重复此操作。创建过程中注意调整各截面的起点，最后单击操控板中的"确定"按钮，完成如图 3-62 所示的圆柱铣刀主体的创建。

图 3-62　创建圆柱铣刀主体

6）创建轴孔和键槽

（1）单击功能区"形状"组中的"拉伸"按钮，弹出"拉伸"操控板，单击其中的"放置"按钮，选取圆柱铣刀端面作为草绘平面。

（2）绘制如图 3-63 所示的图形，单击"确定"按钮，返回"拉伸"操控板，在"深度"下拉列表中设置拉伸方式为"到选定项"⊥，选取圆柱铣刀另一端面为指定拉伸平面，单击"移除材料"按钮◢，然后单击"确定"按钮，完成轴孔和键槽的创建，如图 3-64 所示。

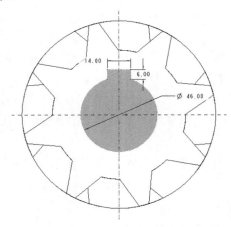

图 3-63　草绘的轴孔和键槽轮廓

图 3-64　创建的轴孔和键槽

7）创建倒圆角

单击功能区"工程"组中的"倒圆角"按钮，界面顶部显示"倒圆角"操控板，输入圆角半径为 2，按住 Ctrl 键分别选取切削刃与圆柱之间的交线，单击"确认"按钮，完成倒圆角，最后保存当前建立的圆柱铣刀模型。

## 3.6　扫描混合特征

扫描混合特征是沿着一条轨迹线将多个截面用过渡曲面连接而形成的特征。扫描混合可以具有两种轨迹：原点轨迹（必需）和第二轨迹（可选）。每个扫描混合特征必须具有至少两个截面，用户也可以根据需要在这两个截面间添加截面。扫描混合的轨迹曲线由用户定义，可以是草绘曲线、基准曲线或边。

扫描混合可创建实体、薄壳以及曲面等特征，也可以用于移除材料以形成孔。它同时具备了扫描和混合的效果。

### 1."扫描混合"操控板

单击功能区"模型"选项卡"形状"组中的"扫描混合"按钮 ✐，弹出"扫描混合"操控板，如图 3-65 所示。

图 3-65　"扫描混合"操控板

## 2．主要工具按钮简介

### 1）"参考"下滑面板

"参考"下滑面板如图 3-66 所示，用来指定扫描轨迹和进行截平面控制。其中，"截平面控制"下拉列表框用于设置定向截平面的方式。

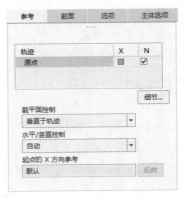

图 3-66　"参考"下滑面板

（1）"垂直于轨迹"选项：扫描混合过程中，扫描混合截面在轨迹的整个长度上始终保持与轨迹线垂直。

（2）"垂直于投影"选项：扫描混合过程中，扫描混合截面在轨迹的整个长度上始终保持与选定参考垂直。

（3）"恒定法向"选项：扫描混合截面的法线总是指向指定方向。

### 2）"截面"下滑面板

"截面"下滑面板如图 3-67 所示，用于指定或创建混合截面以及控制混合顶点。扫描混合需要至少两个截面，截面可以是已有模型的截面，也可以是草绘截面。

图 3-67　"截面"下滑面板

（1）"截面位置"选项框：扫描混合的截面位置默认为开放轨迹的起点和终点。为了更精确地控制扫描混合特征，也可以在其他位置插入截面，但用户必须在插入点处事先打断轨迹。

（2）"旋转"文本框：可以指定截面沿法向的旋转角度。

3）"选项"下滑面板

可使用面积或截面的周长来控制扫描混合截面，但是必须在原点轨迹上指定控制点的位置。

### 3．扫描混合建模实例 ——伞齿轮的建模

1）建立新文件

建立文件名为"sanchilun"的新文件。

2）创建主体

（1）单击功能区"形状"组中的"旋转"按钮 ↗，在"放置"下滑面板中单击"定义"按钮，在弹出的"草绘"对话框中，指定"草绘平面"为基准平面 FRONT 面、"参考"为基准平面 RIGHT 面，"方向"向右，其余选项使用系统默认值。单击对话框中的"草绘"按钮，进入草绘模式。

（2）绘制如图 3-68 所示的草绘轮廓，单击功能区中的"确定"按钮，退出草绘模式。

（3）单击"旋转"操控板中的"确定"按钮，完成主体的创建，效果如图 3-69 所示。

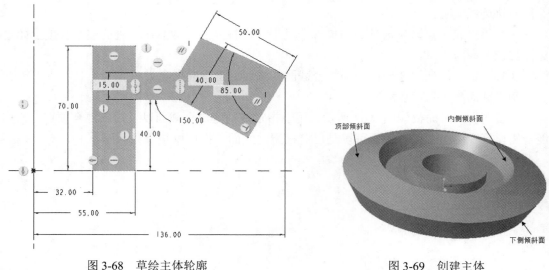

图 3-68　草绘主体轮廓　　　　　　　　　　　　图 3-69　创建主体

3）投影轨迹线

（1）选中基准平面 TOP 面，单击功能区"基准"组中的"草绘"按钮，进入草绘模式。绘制如图 3-70 所示的样条曲线，单击功能区中的"确定"按钮，退出草绘模式。

（2）在模型树中选中"草绘 1"特征，单击功能区"编辑"组中的"投影"按钮 ，界面顶部弹出"投影曲线"操控板，选中主体顶部倾斜面作为参考面，投影轨迹线如图 3-71 所示。单击操控板中的"确定"按钮，完成投影轨迹线的创建。

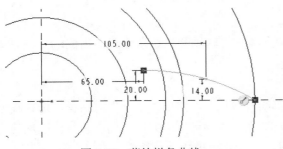

图 3-70  草绘样条曲线

图 3-71  投影轨迹线

4）创建辅助平面

（1）创建辅助平面 DTM1。

单击功能区"基准"组中的"平面"按钮▱，弹出"基准平面"对话框。按住 Ctrl 键依次选中主体下侧倾斜面和投影轨迹线的外侧端点，设置如图 3-72 所示，单击对话框中的"确定"按钮，完成辅助平面 DTM1 的创建。

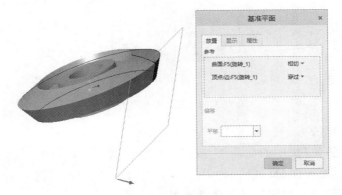

图 3-72  创建辅助平面 DTM1

（2）创建辅助平面 DTM2。

单击功能区"基准"组中的"平面"按钮▱，弹出"基准平面"对话框。按住 Ctrl 键依次选中主体内侧倾斜面和投影轨迹线的内侧端点，设置如图 3-73 所示，单击对话框中的"确定"按钮，完成辅助平面 DTM2 的创建。

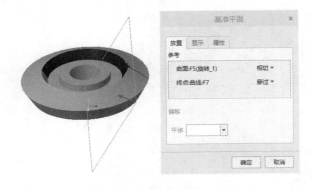

图 3-73  创建辅助平面 DTM2

（3）创建辅助平面 DTM3。

参考上述方法，按住 Ctrl 键依次选中主体的旋转轴和投影轨迹线的内侧端点，完成辅助平面 DTM 3 的创建。

5）草绘截面

（1）单击功能区"基准"组中的"草绘"按钮，弹出"草绘"对话框。选择辅助平面 DTM1 为"草绘平面"、基准平面 FRONT 面为"参考"，"方向"向右，其他选项使用系统默认值。单击对话框中的"草绘"按钮，进入草绘模式。

（2）草绘外部轮廓。

草绘如图 3-74 所示的轮廓，水平实线和顶部的距离 15 是通过在顶部创建参考点后再进行距离设置的。单击功能区中的"确定"按钮，退出草绘模式。

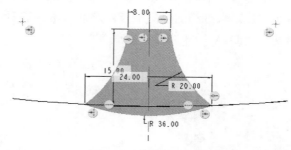

图 3-74　草绘外部轮廓

（3）草绘内部轮廓。

单击功能区"基准"组中的"草绘"按钮，弹出"草绘"对话框。选择辅助平面 DTM2 为"草绘平面"、基准平面 DTM3 面为"参考"，"方向"向右，其他选项使用系统默认值。单击对话框中的"草绘"按钮，进入草绘模式。

参照草绘外部轮廓的操作，在基准平面 DMT2 上草绘如图 3-75 所示的轮廓，水平实线和顶部的距离 12 是通过在顶部创建参考点后再进行距离设置的。单击功能区中的"确定"按钮，退出草绘模式。

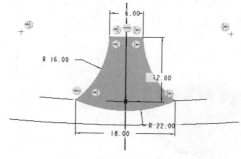

图 3-75　草绘内部轮廓

6）旋转修剪

（1）进入草绘模式。

单击功能区"形状"组中的"旋转"按钮，指定"草绘平面"为基准平面 FRONT

面、"参考"为基准平面 RIGHT 面，"方向"向右，其余选项使用系统默认值。单击对话框中的"草绘"按钮，进入草绘模式。

（2）草绘修剪轮廓。

以内侧底面为参考，绘制如图 3-76 所示的修剪轮廓。

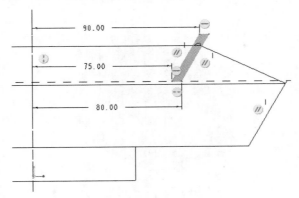

图 3-76　草绘修剪轮廓

（3）创建旋转修剪。

单击"旋转"操控板中的"移除材料"按钮，其余选项使用系统默认值，单击"旋转"操控板中的"确定"按钮，完成旋转修剪。

7）创建齿槽

（1）单击功能区"形状"组中的"扫描混合"按钮，界面顶部弹出"扫描混合"操控板。

（2）选取扫描轨迹线。

单击操控板中的"移除材料"按钮，选择前面步骤创建的投影轨迹线作为扫描轨迹线。

（3）选取扫描截面。

单击操控板中的"截面"按钮，弹出"截面"下滑面板。选择截面方式为"选定截面"，在模型树中选择"草绘 2"（即前述外部轮廓截面）作为截面 1，注意轮廓线上的箭头方向；单击下滑面板中的"插入"按钮，在模型树中选择"草绘 3"（即内部轮廓截面）作为截面 2，但是截面 2 上的箭头位置、方向与截面 1 中的不一样，使得扫描扭曲。通过拖动截面 2 中箭头原点到对应位置，并调整方向以正确创建齿槽，如图 3-77 所示。

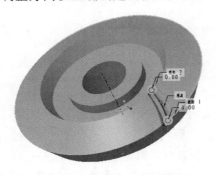

图 3-77　扫描混合创建齿槽

8）阵列齿槽

选中齿槽特征再单击功能区"编辑"组中的"阵列"按钮 ，界面顶部弹出"阵列"操控板。在"选择阵列类型"下拉列表框中选择"轴"选项，以主体的旋转轴为参考，设置阵列个数为 24，角度为 15°，其余设置保持默认。单击"确定"按钮，完成齿槽阵列，效果如图 3-78 所示。

图 3-78　阵列齿槽

9）创建键槽

以中间空心圆柱端面为参考面拉伸键槽，草绘如图 3-79 所示轮廓，拉伸效果如图 3-80所示。

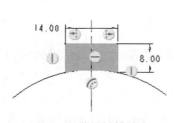

图 3-79　草绘键槽轮廓

图 3-80　拉伸键槽

10）倒角

为伞齿轮中心圆柱棱边进行倒角，倒角值为 2。

11）保存模型

保存当前建立的伞齿轮模型。

## 3.7　本章小结

本章重点介绍了基础特征的实用知识。基础特征是三维零件模型中最基础的实体/曲面几何特征，主要包括拉伸特征、旋转特征、扫描特征、螺旋扫描特征、混合特征和扫描混合特征。在介绍每个基础特征的时候，都结合应用方法和技巧，并以典型范例来辅助说明。

拉伸是定义三维几何的一种常用方法，是通过将二维截面延伸到垂直于草绘平面的指定距离处来实现的。

　　旋转特征是通过绕中心线旋转草绘的截面来创建的特征。在创建旋转特征时，要特别注意旋转截面和旋转轴的定义。旋转截面几何必须只在旋转轴的同一侧，旋转轴必须位于截面的草绘平面中；而旋转轴既可以通过选定线性参考来定义，也可以在旋转截面草绘中通过创建的中心线来定义。如果在草绘中包含一条以上的中心线，则创建的第一条几何中心线将默认用作旋转轴。用户也可以在草绘中手动指定哪条中心线用作旋转轴。

　　使用扫描工具可以创建恒定截面的扫描特征，也可以创建可变截面的扫描特征。前者在沿轨迹扫描的过程中草绘的形状不变，仅截面所在框架的方向发生变化；后者则将草绘图元约束到其他轨迹（中心平面或现有几何），或使用由 trajpar 参数设置的截面关系来使草绘可变。可以在沿着一个或多个选定轨迹扫描截面时通过控制截面的方向、旋转和几何来添加或移除材料，以创建实体或曲面特征。在创建扫描时，根据所选轨迹数量，扫描截面类型会自动设置为恒定或可变，单一轨迹时设置为恒定扫描，多个轨迹设置为可变截面扫描。如果向扫描特征添加或从中移除轨迹，扫描类型会相应调整。当然，用户可以通过在"扫描"操控板中单击相应的按钮（"恒定截面扫描"按钮 ⊢ 或"变截面扫描"按钮 ⊬ ）来设置扫描类型。

　　螺旋扫描特征是通过沿螺旋轨迹扫描横截面来创建的，需要定义螺旋扫描轮廓（定义从螺旋特征截面原点到旋转轴的距离的旋转曲面）、横截面和螺距（螺圈间的距离）。使用"螺旋扫描"工具，除可以创建各类弹簧模型之外，还可以用来构建真实螺纹结构等。

　　混合特征在实际设计中较为常见，它至少由一系列的两个平面截面组成，这些平面截面在其顶点处用过渡曲面连接形成一个连续特征。混合特征主要包括平行混合、旋转混合和常规混合，注意各自类型的应用特点。初学者特别要掌握平行混合特征的创建方法。另外，在创建混合特征时，要特别注意每个混合截面的图元数、各截面图元的起点位置和方向。

　　扫描混合特征可以具有两种轨迹，即原点轨迹（必需）和第二轨迹（可选），每个扫描混合特征必须至少有两个截面，且可以在这两个截面间添加截面。注意扫描混合的相关限制条件。

## ⚠ 3.8　思考与练习题

　　1．在 Creo Parametric 8.0 中，创建拉伸实体基础特征时，是否可以设置添加锥度（使几何成锥形）？

　　2．在创建旋转特征的过程中，如果在绘制旋转截面时绘制了多条中心线（包括几何中心线）。而需要选择其中一条非最先创建的中心线用作旋转轴，在这种情况下应该如何操作？

　　3．在创建混合特征时需要注意每个混合截面的图元数、各截面图元的起点位置和起点方向，请简述这些注意事项包括哪些具体要点，以平行混合为例，可以举例来加深印象。

　　4．请总结创建扫描特征的一般方法、步骤。

5．上机操作：创建如图 3-81 所示的三维实体模型 1。

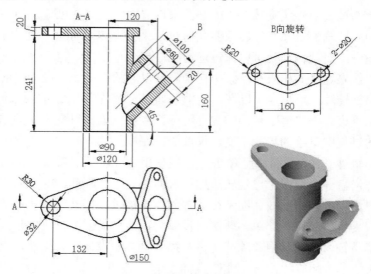

图 3-81　模型 1 零件图

6．上机操作：创建如图 3-82 所示的三维实体模型 2。

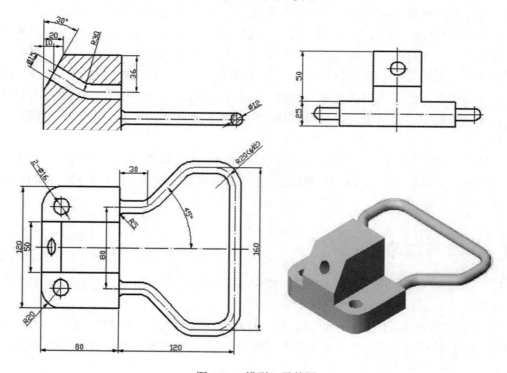

图 3-82　模型 2 零件图

# 第 4 章

# 基准特征

## 4.1　基准特征概述

　　基准特征在设计中具有很重要的意义，可以用作其他特征的建模参考和定位参考等。基准特征主要包括基准平面、基准轴、基准点、基准曲线、坐标系和基准参考等。在零件建模模式下，用于创建基准特征的工具命令位于功能区"模型"选项卡的"基准"组中，如图 4-1 所示。

　　用户可以根据设计需求来设置基准平面是否在图形窗口中显示，可以用图形工具栏中的"基准显示过滤器"按钮，此时用户可以通过选中相应的复选框来设置轴、点、坐标系和平面的显示状况，如图 4-2 所示。

图 4-1　创建基准特征的工具命令

图 4-2　"基准显示过滤器"按钮

## 4.2　基准平面

　　基准平面在设计中是比较重要的。例如，可以在基准平面上草绘或放置特征，可以将基准平面用作尺寸标注的位置参照（参考），可以将基准平面作为装配时零部件相互配合的参照面等。

用户可以根据设计需要来创建新基准平面，新建的基准平面将获得系统按照依次顺序自动分配的基准名称：DTM1、DTM2、DTM3……当然用户也可以自定义基准平面的名称。

在零件模式下，从功能区"模型"选项卡的"基准"组中单击"平面"按钮□，系统会弹出"基准平面"对话框。"基准平面"对话框中具有 3 个选项卡，下面介绍这 3 个选项卡的功能含义。

### 1. "放置"选项卡

"放置"选项卡的主要用途是收集参照和设置放置约束等来定义基准平面的放置位置。当选择了参照后，系统会根据参照提供默认的放置约束类型选项，用户可以根据设计要求选择另外的放置约束类型选项，并设置相关的参数来放置新基准平面。例如，选择 FRONT 基准平面作为参照，然后在"参考"收集器中的相应下拉列表框中选择放置约束类型选项为"偏移"，在"偏移"选项组下面的"平移"文本框中输入与指定方向的偏移距离，如图 4-3 所示。

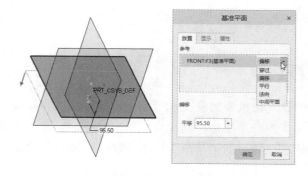

图 4-3　"放置"选项卡

### 2. "显示"选项卡

"显示"选项卡主要用于调整基准平面的方向和显示大小。单击"反向"按钮，则反转基准平面的法向。若要调整基准平面的显示轮廓大小，取消选中"使用显示参考"复选框，接着通过指定宽度和高度值来设置基准平面轮廓显示的大小，可以锁定长宽比。"显示"选项卡的设置如图 4-4 所示。

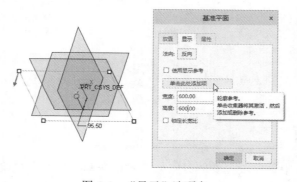

图 4-4　"显示"选项卡

### 3．"属性"选项卡

在"属性"选项卡中，可以利用"名称"文本框来重命名该基准特征，并可单击"显示此特征的信息"按钮 🛈，以在 Creo Parametric 8.0 浏览器中查看关于当前基准平面特征的详细信息。

## 4.3 基准轴

如同基准平面一样，基准轴也可以用作其他特征创建时的参考。例如，以基准轴为参考，可以定义基准平面、同轴放置项目和创建径向阵列（轴阵列）等。在 Creo Parametiric 8.0 中，基准轴是独立的特征，能够作为特征级的项目显示在模型树上。

特征轴与基准轴有所不同。特征轴是在创建一些特征（如拉伸圆柱特征、旋转特征、孔特征等）时，系统自动给特征生成的中心轴。如果删除了这些特征，其特征轴也会随之被删除。因此，特征轴不是单独的特征。

Creo Parametric 8.0 在零件模型下新建的基准轴命名为"A_#"，#表示轴（包括基准轴和特征轴）的顺序号。

在零件模式下，从功能区"模型"选项卡的"基准"组中单击"轴"按钮 ╱，系统会弹出"基准轴"对话框。"基准轴"对话框中具有 3 个选项卡，下面介绍这 3 个选项卡的功能含义。

### 1．"放置"选项卡

"放置"选项卡主要包括"参考"收集器和"偏移参考"收集器。使用"参考"收集器选取要在其上放置新基准轴的参照，然后选取所需的参照类型。要选择其他参照，则在选择时按住 Ctrl 键。常见的参照放置类型有如下几种。

（1）穿过：表示基准轴延伸穿过选定参照。

（2）法向（垂直）：放置垂直于选定参照的基准轴。

（3）相切：放置与选定参照相切的基准轴。

（4）中心：选定平面圆边或曲线的中心，且在垂直于选定曲线或边所在平面的方向上放置基准轴。

如果在"参照"收集器中选取"法向（垂直）"作为参照类型，那么将激活"偏移参考"收集器，使用该收集器选取偏移参照并设置相应的位置参数。

### 2．"显示"选项卡

在"显示"选项卡中，选中"调整轮廓"复选框时，可以通过指定长度尺寸来调整基准轴显示轮廓的长度，或者选定参照使基准轴轮廓与参照相拟合。

### 3．"属性"选项卡

在"属性"选项卡中可以重命名基准轴特征，还可以单击"显示此特征的信息"按钮，从而在 Creo Parametric 8.0 浏览器中查看当前基准轴特征的信息。

## 4.4 基准点

基准点在实际设计工作中时常被用到，它同样可作为模型特征的参考基准，很多时候都是通过建立的基准点来创建空间曲线。用户可以根据设计要求随时向模型中添加点，即便在创建另一个特征的过程中也可以执行此操作。要向模型中添加基准点，可以使用"基准点"特征。

Creo Parametric 8.0 在零件模型下新建的基准点用标签"PNT#"标识，其中，#为基准点的连续号码，系统提供专门的创建工具（见图 4-5）分别用于创建以下 3 种类型之一的基准点，其中，点和偏移坐标系的基准点用在常规建模中。

图 4-5　基准点创建工具

（1）点：在图元上、图元相交处或自某一图元偏移处所创建的一般类型的基准点。单击"点"按钮 ，系统会弹出如图 4-6 所示的"基准点"对话框，选择最多 3 个参考以放置点。

（2）偏移坐标系：通过自选定坐标系偏移所创建的基准点。单击"偏移坐标系"按钮 ，系统会弹出如图 4-7 所示的"基准点"对话框，选择参考坐标系和坐标系类型，然后输入坐标值。

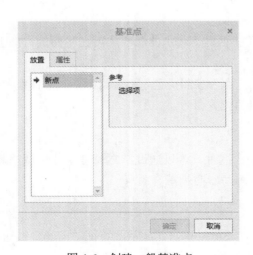

图 4-6　创建一般基准点

图 4-7　创建自坐标系偏移的基准点

（3）域：在"行为建模"中用于分析的点，一个域点标识一个几何域。单击"域"按钮，系统会弹出如图 4-8 所示的"基准点"对话框，选择一个参考（如曲线、边、曲面或面组）以放置点。

图 4-8　创建域点

# 4.5　基准曲线

创建基准曲线的方式主要分两种情形：一种用于插入空间基准曲线；另一种则用于在指定的草绘平面内草绘平面基准曲线。

要插入空间基准曲线，则在功能区"模型"选项卡中单击"基准"组下拉三角按钮，接着单击"曲线"旁边的箭头按钮，打开一个工具命令列表，如图 4-9 所示，其中提供了 3 种曲线选项，即"通过点的曲线""来自方程的曲线""来自横截面的曲线"。下面分别介绍创建基准曲线的这 3 种方法。

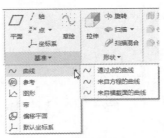

图 4-9　曲线命令

## 4.5.1　通过点的曲线

使用"通过点的曲线"命令，可以创建一个通过若干现有点的基准曲线，其一般操作方法和步骤如下。

（1）单击"通过点的曲线"按钮，打开"曲线：通过点"操控板，如图 4-10 所示。打开"放置"下滑面板，单击激活"点"收集器，在图形窗口中选择一个现有点、顶点或曲线端点，接着确保处于"添加点"的状态下，选择其他点添加到曲线定义中（所选点显示在点列表中），如图 4-11 所示。

（2）要定义一个点与之前添加的点如何连接，那么在"放置"下滑面板的"点"列表框中选择该点，接着在"连接到前一点的方式"选项组中单击"样条"或"直线"单选按钮。单击"样条"单选按钮时，使用三维样条将该选定点连接到上一点；单击"直线"单选按钮时，使用一条直线段来将该选定点连接到上一点，并可以根据实际要求选中"添加圆角"复选框，以在曲线的选定点处添加圆角来对曲线进行倒圆角，圆角半径值由"半径"框输入的值设定，而"具有相同半径的点组"复选框用于创建具有相同半径的点逻辑组的点部分，如图 4-12 所示。

图 4-10　"曲线：通过点"操控板

图 4-11　"放置"下滑面板

图 4-12　使用直线将选定点连接到上一点

（3）要在曲线的端点定义条件，那么在"曲线：通过点"操控板中单击"结束条件"按钮，在"曲线侧"框中选择曲线的"起点"或"终点"，接着在"结束条件"下拉列表框中选择以下选项之一，如图 4-13 所示。

图 4-13　"结束条件"下滑面板

- ❑　自由：在此端点使曲线无相切约束。
- ❑　相切：使曲线在该端点处与选定参考相切。
- ❑　曲率连续：使曲线在该端点处与选定参考相切，并将连续曲率条件应用于该点。

❑ 垂直：使曲线在该端点处与选定参考垂直。

（4）在"曲线：通过点"操控板中单击"确定"按钮，完成通过点来创建基准曲线。

### 4.5.2 来自横截面的曲线

可以使用横截面创建基准曲线，实际就是沿着横截面边界与零件轮廓之间的相交线创建基准曲线。但是需要注意的是，不能使用偏移横截面中的边界创建基准曲线。

首先介绍一下如何创建横截面。要创建横截面，则可以使用功能区"视图"选项卡"截面"列表中的相关命令工具，包括"平面"按钮、"X 方向"按钮、"Y 方向"按钮、"Z 方向"按钮、"偏移截面"按钮和"区域"按钮，如图 4-14 所示。在掌握各种平面横截面的创建方法之后，可以用平面横截面来创建基准曲线。

（1）"平面"按钮：使用基准平面或平整曲面作为参考来创建平面横截面。

（2）"X 方向"按钮：使用默认坐标系的 X 轴作为参考来创建平面横截面。

（3）"Y 方向"按钮：使用默认坐标系的 Y 轴作为参考来创建平面横截面。

（4）"Z 方向"按钮：使用默认坐标系的 Z 轴作为参考来创建平面横截面。

（5）"偏移截面"按钮：使用草绘作为参考来创建偏移横截面。

（6）"区域"按钮：创建区域。

另外，使用视图管理器也可以创建横截面，在图形工具栏中单击"视图管理器"按钮，系统会弹出的"视图管理器"对话框，切换到"截面"选项卡，单击"新建"下拉按钮，如图 4-15 所示。

图 4-14 "截面"命令

图 4-15 "视图管理器"对话框

从下拉列表中选择一个选项，出现一个默认的横截面名称，修改横截面名称后按 Enter 键，系统根据截面选项打开"截面"选项卡或"区域"对话框，使用"截面"选项卡或"区域"对话框分别创建横截面或区域即可。

使用"来自横截面的曲线"命令方式创建基准曲线的操作步骤如下。

（1）选择"来自横截面的曲线"命令，打开"曲线"操控板。

（2）在"曲线"操控板的"横截面"下拉列表框中选择用来创建曲线的命名横截面，即已经创建的横截面名称。

（3）在"曲线"操控板中单击"确定"按钮。

### 4.5.3  来自方程的曲线

通过方程可以创建许多以手工草绘方式所不能或者很难精确创建的复杂曲线，如三角函数曲线、渐开线、双曲线等。

在功能区"模型"选项卡中单击"基准"组下拉三角按钮，接着单击"曲线"命令旁的箭头并选择"来自方程的曲线"选项，功能区出现如图 4-16 所示的"曲线：从方程"操控板，其中各主要组成元素的功能含义如下。

图 4-16  "曲线：从方程"操控板

（1）"坐标系"下拉列表框：定义坐标系类型，可供选择的坐标系类型有"笛卡尔""柱坐标"和"球坐标"。

（2）"方程"按钮：单击此按钮，将打开一个"方程"对话框以输入和编辑所需的方程。

（3）"自"框：设置自变量范围的下限值。

（4）"至"框：设置自变量范围的上限值。

（5）"参考"面板：该面板包含一个"坐标系"收集器，用于收集和显示表示方程零点的基准坐标系或目的基准坐标系。

（6）"属性"面板：在该面板中可以设置特征名称，以及在 Creo Parametric 8.0 浏览器中显示详细的该特征信息。

## 🔺 4.6  基准坐标系

在三维空间中创建基准坐标系，这些坐标系可以是笛卡尔坐标系、柱坐标系和球坐标系，其中常用的基准坐标系为笛卡尔坐标系。

要创建基准坐标系，则在功能区"模型"选项卡的"基准"组中单击"坐标系"按钮 ⊥，系统会弹出"坐标系"对话框。"原点"选项卡中的"参考"收集器首先处于被激活状态，此时，系统提示选取 3 个参考（如平面、边、坐标系或点）以放置坐标系。在这里以选择 PRT_CSYS_DEF 坐标系作为参考为例，接着在"偏移类型"下拉列表框中选择"笛卡尔""圆柱""球坐标""自文件" 4 个选项之一，然后根据设定的偏移类型输入相关的偏移参数即可，如图 4-17 所示。设定的偏移类型不同，那么需要输入的参数也将不同。例如，当偏移类型为"笛卡尔"时，需要分别输入 $X$、$Y$ 和 $Z$ 参数；而当偏移类型为"圆柱"时，则需要分别输入 $R$、$\theta$ 和 $Z$ 参数。

如果要设置新基准坐标轴的方向，那么在"坐标系"对话框中切换到"方向"选项卡，如图 4-18 所示，从中进行如下的一些操作即可。

图 4-17 "坐标系"对话框"原点"选项卡　　　图 4-18 "坐标系"对话框"方向"选项卡

❏ 定向根据"参考选择"：相对于两个选定的附加参照定向。

❏ 定向根据"选定的坐标系轴"：相对于选定的放置参照坐标系定向，即要为所选的坐标系轴设置相应的参数，如"绕 X"参数、"绕 Y"参数、"绕 Z"参数。

❏ 设置 Z 垂直于屏幕：单击"设置 Z 垂直于屏幕"按钮，则将坐标系定向到与屏幕正交的方向上。

使用"属性"选项卡，可以重新命名该基准坐标系，并可以单击"显示此特征的信息"按钮，打开 Creo Parametric 8.0 浏览器以查看此基准坐标系的特征信息。

在"坐标系"对话框中单击"确定"按钮，完成新基准坐标系的创建。

## 4.7 综合实例

### 1. 基准平面、基准轴应用范例

下面介绍一个创建基准平面、基准轴的应用范例，在该范例中首先创建基准平面，然后由基准平面创建基准轴，最后通过创建好的基准轴来创建基准平面。运用基准创建图 4-19 所示的零件倾斜支架的方法和步骤如下。

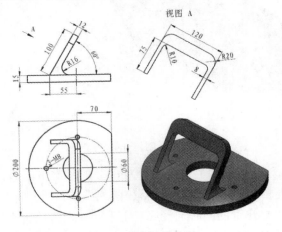

图 4-19 支架零件图

1）创建与 RIGHT 基准平面偏距 55 的基准平面 DTM1

（1）在快速访问工具栏中单击"打开"按钮🗁，系统弹出"文件打开"对话框，选择 \DATA\ch4\例 4-1.prt 文件，单击"打开"按钮，其中支架零件的底盘已经创建完成，如图 4-20 所示。

（2）在图形区选中 RIGHT 基准平面，在弹出的快捷工具栏中单击"平面"按钮▱，系统弹出"基准平面"对话框，设置偏移值为 55，完成基准平面 DTM 1 的创建，如图 4-21 所示。

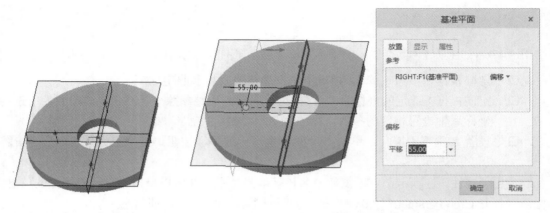

图 4-20　支架零件底盘　　　　　　　　图 4-21　创建基准平面 DTM1

2）过基准平面 DTM1 与底盘上表面交线创建基准轴 A_5

单击功能区"基准"组中的"轴"按钮╱，在弹出的"基准轴"对话框"放置"选项卡的"参考"收集器中选择基准平面 DTM1，按住 Ctrl 键的同时选择底盘上表面，创建基准轴 A_5，如图 4-22 所示。

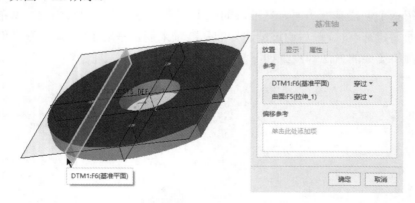

图 4-22　创建基准轴 A_5

3）过基准轴 A_5 创建与底盘上表面夹角为 60° 的基准平面 DTM2

在图形区选中基准轴 A_5，在弹出的快捷工具栏中单击"平面"按钮▱，系统弹出"基准平面"对话框，按住 Ctrl 键的同时选择底盘上表面，选择放置类型为偏移，偏移旋转项输入 60，创建基准平面 DTM2，如图 4-23 所示。

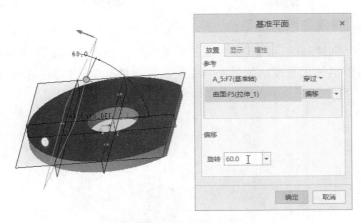

图 4-23　创建基准平面 DTM2

4）拉伸创建倾斜支架

（1）在图形区选中基准平面 DTM2，在弹出的快捷工具栏中单击"拉伸"按钮，选择 TOP 基准平面作为参考，方向为"右"，单击"确定"按钮进入草绘环境，绘制如图 4-24 所示的支架截面。

（2）单击"确定"按钮，退出草绘环境。在"拉伸"操控板中指定拉伸深度值为 12，单击"确定"按钮，完成倾斜支架的创建，如图 4-25 所示。

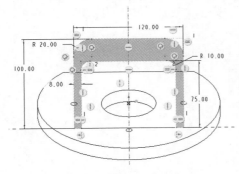

图 4-24　绘制支架截面

图 4-25　拉伸创建倾斜支架

5）倒圆角

单击"模型"选项卡"工程"组中的"倒圆角"按钮，选择倾斜支架背面与底座上表面相交的两条边，输入半径值 16，完成 R16 圆角的创建，如图 4-26 所示。

图 4-26　创建 R16 圆角

### 2．基准点、基准曲线应用范例

下面介绍一个创建基准点、基准曲线的应用范例，在该范例中首先创建从坐标系偏移的 4 个基准点，然后使用基准点创建基准曲线，以该基准曲线作为扫描轨迹来创建管道，如图 4-27 所示。

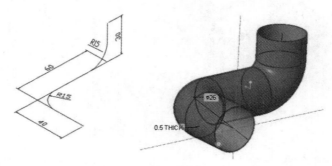

图 4-27　基准点、基准曲线应用范例

1）创建从坐标系偏移的 4 个基准点

（1）单击"模型"选项卡"基准"组中的"偏移坐标系"按钮，系统弹出"基准点"对话框，选择默认基准坐标系为参考坐标系，坐标系类型选择"笛卡尔"，依次创建 4 个偏移基准点 PNT0～PNT3，基准点坐标如图 4-28 所示。

（2）单击"基准点"对话框中的"确定"按钮，完成基准点的创建，如图 4-29 所示。

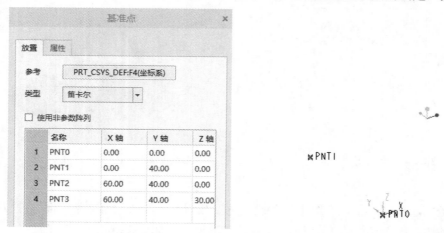

图 4-28　偏移基准点坐标值　　　　　　　图 4-29　偏移基准点

2）使用基准点创建基准曲线

单击"通过点的曲线"按钮，打开"曲线：通过点"操控板，在"放置"下滑面板中单击激活"点"收集器，依次添加点 PNT0～PNT3，从添加 PNT1 开始，在"连接到前一点的方式"选项组中单击"直线"单选按钮，使用一条直线段来将该选定点连接到上一点。可以根据实际要求，在设置曲线的 PNT1、PNT2 点时选中"添加圆角"复选框，在"半径"框输入 15，如图 4-30 所示，完成基准曲线的创建。

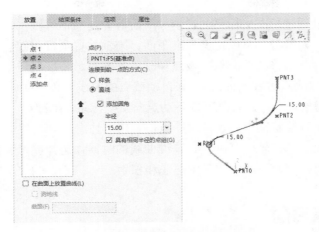

图 4-30　使用基准点创建基准曲线

3）以基准曲线为扫描轨迹创建外径 $\phi 26$、壁厚 0.5 的管道特征

（1）单击"模型"选项卡"形状"组的"扫描"按钮🖳，在"扫描"操控板中单击"实体"按钮🗖和"加厚草绘"按钮🗀，使其同时处于按下状态，在加厚文本框中输入 0.5。

（2）在"参考"下滑面板中选择图 4-30 所示的基准曲线作为扫描轨迹，在"截平面控制"列表框中选择"垂直于轨迹"选项，其余选项采用默认设置，然后单击"草绘"按钮🖉，进入内部草绘器，绘制如图 4-31 所示的截面。

（3）单击"确定"按钮，保存草绘并退出。然后单击"扫描"操控板中的"确定"按钮，完成管道特征的创建，如图 4-32 所示。

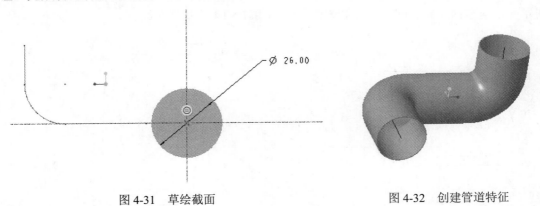

图 4-31　草绘截面　　　　　　　　　　图 4-32　创建管道特征

## 4.8　本章小结

本章首先概括性地介绍了零件建模和基准特征的常识，了解零件建模是为了更好地学习和掌握基准特征。接着重点介绍了基准平面、基准轴、基准点、基准曲线和基准坐标系的相关知识，包括各自基准特征的创建方法。

基准平面在特定的条件下，可以通过选择一个点（或直线）和一条直线来定义平面，可以创建某平面的偏移基准平面，可以创建具有角度偏移的基准平面，可以创建与曲面相切的基准平面,可以通过基准坐标系创建基准平面等。基准轴可以作为其他特征创建的参考,例如,以基准轴为参考,可以定义基准平面、同轴放置项目和创建径向阵列等。基准点分一般点、自坐标系偏移的基准点、域点和草绘基准点。基准曲线的常用创建工具命令有"通过点的曲线""来自方程的曲线""来自横截面的曲线"和"草绘"。在创建基准坐标系时,注意放置参考的选择,必要时可以手动定向新坐标系。基准点、基准曲线、基准轴、基准坐标系还可以在草绘特征中创建,这一点需要用户注意。

　　在创建基准平面、基准轴、基准点、基准曲线的时候,选择参考和设置参考约束类型至关重要,这些需要在今后不断的实践中熟悉和积累。

## 4.9　思考与练习题

　　1．基准特征主要包括哪些特征?

　　2．如何设置基准平面的显示轮廓?例如,将 FRONT 基准平面的显示轮廓的宽、高分别设置为 618 mm、390 mm。

　　3．请总结修改基准特征名称的典型方法。

　　4．通过参考坐标系来创建如图 4-33 所示的基准平面,新建的 DTM1 基准平面在 $X$ 轴方向上偏移坐标系原点 500 mm。

　　5．综合练习:根据如图 4-34 所示的效果图进行练习,在该练习中先创建基准平面 DTM1,在 DTM1 上绘制一条草绘基准曲线,接着分别创建 PNT0、PNT1、PNT2、PNT3 和 PNT4 基准点(其中 PNT4 基准点位于 PRT_CSYS_DEF 坐标系原点处),过 PNT0 和 PNT4 创建一条基准轴,最后创建通过 PNT0、PNT3 和 PNT4 的基准曲线。

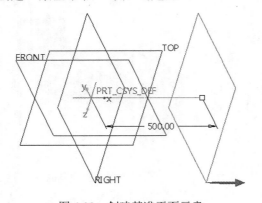

图 4-33　创建基准平面示意

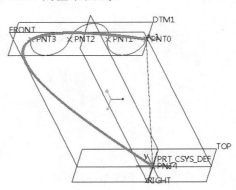

图 4-34　综合练习效果

# 第 5 章

# 工程特征

在 Creo Parametric 8.0 中，将倒圆角特征、倒角特征、孔特征、壳特征、筋特征（包括轨迹筋特征和轮廓筋特征）和拔模特征统称为工程特征。所谓的工程特征只有在别的实体或曲面几何上才能创建，也就是说只有当文件中存在着合适的模型特征时，才可能在模型特征的基础上创建出工程特征。本章将重点介绍常用工程特征的应用知识。

## 5.1 倒圆角特征

倒圆角特征是一种边处理特征，它是通过向一条或多条边、边链或在曲面之间的空白处添加半径形成的，曲面可以是实体模型曲面，也可以是零厚度的面组或曲面。

在进行倒圆角操作的过程中，在指定倒圆角放置参照后，将使用默认属性、半径值以及过渡来创建适合所选几何对象的倒圆角。圆角由"集"和"过渡"组成，它们的概念说明如下。

（1）集：创建的属于放置参考的倒圆角段（几何），所谓的倒圆角段由唯一属性、几何参考及一个或多个半径组成，如图 5-1 所示。

（2）过渡：指连接倒圆角段的填充几何，它位于倒圆角段相交或终止处，如图 5-2 所示。一般情况下，在最初创建倒圆角时将使用默认过渡，但是也允许用户更改其默认的过渡类型，以满足一些高级或特殊的设计要求。

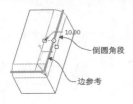

图 5-1　"集"示意图

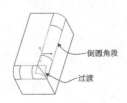

图 5-2　"过渡"示意图

倒圆角类型主要包括恒定倒圆角、可变倒圆角、由曲线驱动的倒圆角和完全倒圆角，如表 5-1 所示。另外，还可以创建延伸的曲面倒圆角。

表 5-1 倒圆角类型

| 序　号 | 倒圆角类型 | 说　明 | 图　例 |
|---|---|---|---|
| 1 | 恒定倒圆角 | 倒圆角具有恒定半径 | |
| 2 | 可变倒圆角 | 倒圆角具有多个半径 | |
| 3 | 由曲线驱动的倒圆角 | 倒圆角的半径由基准曲线驱动 | 基准曲线 |
| 4 | 完全倒圆角 | 完全倒圆角以替换选定曲面 | |

### 1. 创建恒定倒圆角

在快速访问工具栏中单击"打开"按钮▣，系统弹出"文件打开"对话框，选择\DATA\ch5\倒圆角\倒圆角.prt 文件，单击"打开"按钮，零件模型如图 5-3 所示。

创建恒定倒圆角的基本操作步骤如下。

（1）在功能区"模型"选项卡的"工程"组中单击"倒圆角"按钮，打开"倒圆角"操控板，在图形窗口中选择要通过其创建倒圆角的参照，如图 5-4 所示。

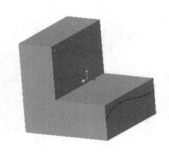

图 5-3 零件模型

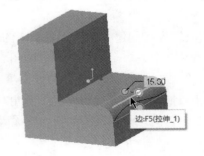

图 5-4 选择倒圆角参考

（2）系统默认采用圆形剖面进行倒圆角，定义圆角半径为 15。可以在"倒圆角"操控板的圆角尺寸框中输入新值或选择一个最近使用的值，也可以在"集"面板的表格的"半径"栏中输入值 15。

（3）在"倒圆角"操控板中单击"确定"按钮，完成恒定倒圆角特征的创建。

Creo Parametric 8.0默认使用圆形剖面进行倒圆角。如果要创建其他截面类型的倒圆角，那么需要在"倒圆角"操控板中打开"集"面板，在"截面形状"下拉列表框中选择圆角截面的类型选项，如图 5-5 所示。这样便可以创建圆形倒圆角、圆锥倒圆角、C2 连续倒圆角、D1×D2 圆锥倒圆角、D1×D2 C2 倒圆角这些特殊的倒圆角特征。

图 5-5　选择圆角截面类型选项及定义其截面尺寸参数

### 2．创建可变倒圆角

创建可变倒圆角的操作实际是在创建恒定倒圆角的基础上增加"添加半径"的操作，其典型方法是执行"倒圆角"命令并选择所需的边参照后，在"集"面板的半径表格中单击鼠标右键，在出现的快捷菜单中选择"添加半径"选项，即添加了一个圆角半径的控制点，然后修改该控制点的位置和半径值，如图 5-6 所示。也可以在图形窗口中，将鼠标光标置于半径锚点上右击，弹出如图 5-7 所示的快捷菜单，选择"添加半径"选项，可以继续添加其他半径，最后单击"确定"按钮即可。

图 5-6　添加半径方法 1

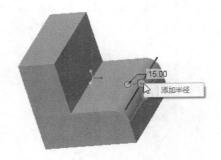

图 5-7　添加半径方法 2

创建可变倒圆角的基本操作步骤如下。

（1）在快速访问工具栏中单击"打开"按钮，系统弹出"文件打开"对话框，选择\DATA\ch 5\倒圆角\倒圆角.prt 文件，单击"打开"按钮，打开图 5-3 所示的零件模型。

（2）在功能区"模型"选项卡的"工程"组中单击"倒圆角"按钮 ，打开"倒圆角"操控板，在图形窗口中选择图 5-4 所示的边作为创建倒圆角的参照。

（3）在"集"面板的半径表格中输入半径值 15，然后单击鼠标右键，在弹出的快捷菜单中选择"添加半径"选项，系统默认控制点位于参考边的另一端，输入半径值 30。继续单击鼠标右键，在弹出的快捷菜单中选择"添加半径"选项，在半径表格中输入半径值 25，位置输入 0.5，即倒圆角参考边的中间，如图 5-8 所示。

（4）在"倒圆角"操控板中单击"确定"按钮，完成可变倒圆角特征的创建，如图 5-9 所示。

| # | 半径 | 位置 |
|---|------|------|
| 1 | 15.00 | 顶点:边:F5( |
| 2 | 30.00 | 顶点:边:F5( |
| 3 | 25.00 | 0.50 |

图 5-8　添加半径值

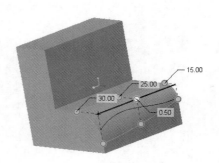

图 5-9　创建可变倒圆角

### 3．创建由曲线驱动的倒圆角

要创建由曲线驱动的倒圆角，可以按照以下方法和步骤来进行。读者可以使用本书配套的\DATA\ch5\倒圆角\倒圆角.prt 文件来辅助学习。

（1）在功能区"模型"选项卡的"工程"组中单击"倒圆角"按钮 ，打开"倒圆角"操控板，在图形窗口中选择图 5-4 所示的边作为创建倒圆角的参照。

（2）在"倒圆角"操控板"集"面板中单击"通过曲线"按钮，此时系统提示选择相切曲线来创建通过曲线的倒圆角。在图形窗口中选择如图 5-10 所示的基准曲线作为驱动曲线。

（3）在"倒圆角"操控板中单击"确定"按钮，完成由曲线驱动的倒圆角特征的创建，如图 5-11 所示。

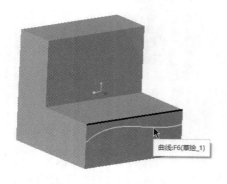

图 5-10　选择驱动曲线

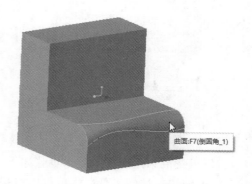

图 5-11　创建由曲线驱动的倒圆角

#### 4．创建完全倒圆角

要创建完全倒圆角特征，则需单击"倒圆角"操控板"集"面板中的"完全倒圆角"按钮。要创建完全倒圆角，必须满足以下规则。

（1）如果使用边参照，则这些边参照必须有公共曲面。

（2）如果使用两个曲面参照，则必须选择第 3 个曲面作为驱动曲面。此曲面决定倒圆角的位置，有时还决定其大小。

要创建完全倒圆角，可以按照以下方法和步骤来进行。读者可以使用本书配套的 \DATA\ch5\倒圆角\倒圆角.prt 文件来辅助学习。

（1）在功能区"模型"选项卡的"工程"组中单击"倒圆角"按钮 ，打开"倒圆角"操控板，按住 Ctrl 键的同时，依次选择图 5-12 所示的两条边作为完全倒圆角参考。

（2）单击"倒圆角"操控板"集"面板中的"完全倒圆角"按钮。

（3）在"倒圆角"操控板中单击"确定"按钮，完成完全倒圆角特征的创建，如图 5-13 所示。

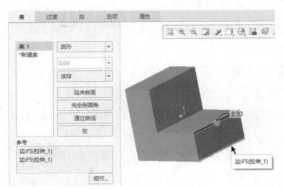 

图 5-12　选择完全倒圆角参考　　　　　　　　图 5-13　创建完全倒圆角

## 5.2　倒角特征

倒角在机械设计中经常要应用到，它是一类对边或拐角进行斜切削的特征。在 Creo Parametric 8.0 中可以创建两种类型的倒角特征：一种是拐角倒角，另一种是边倒角，如图 5-14 所示。

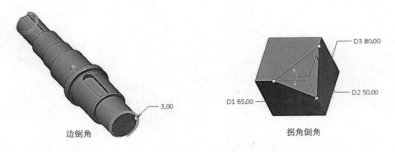

图 5-14　两种类型的倒角

### 5.2.1 边倒角

边倒角是对边进行斜切削的一类常见特征。要创建边倒角，需要定义一个或多个倒角集，每个倒角集包含一个或多个倒角段（倒角几何）。在指定倒角放置参照后，Creo Parametric 8.0 将使用默认属性、距离值以及适于被参照几何对象的默认过渡来创建倒角。

要创建边倒角特征，则在功能区"模型"选项卡的"工程"组中单击"边倒角"按钮 ，打开"边倒角"操控板，默认时激活"集"模式 ，在"尺寸标注"下拉列表框中可以设置当前倒角集的标注形式，如图 5-15 所示。

图 5-15　边倒角尺寸标注形式

"尺寸标注"下拉列表提供的标注形式包括"D×D""D1×D2""角度×D""45×D""O×O""O1×O2"。

系统默认的倒角集创建方法是"偏移曲面"，在"边倒角"操控板"集"面板中可重新选择另外一种倒角集创建方法——"相切距离"。两者的定义如下。

（1）"偏移曲面"：是指通过偏移参照边的相邻曲面来确定倒角距离，Creo Parametric 8.0 会默认选择此选项。

（2）"相切距离"：是使用与参照边的相邻曲面相切的向量来确定倒角距离。

下面以创建轴零件上的倒角特征为例，介绍边倒角特征的创建过程。

（1）在快速访问工具栏中单击"打开"按钮 ，系统弹出"文件打开"对话框，选择 \DATA\ch 5\边倒角\阶梯轴.prt 文件，单击"打开"按钮，打开图 5-16 所示的零件模型。

（2）在功能区"模型"选项卡的"工程"组中单击"边倒角"按钮 ，打开"边倒角"操控板，默认时激活"集"模式 。

（3）尺寸标注样式默认选择"D×D"，在"D"文本框中输入 3。

（4）按住 Ctrl 键，选择阶梯轴零件两端轮廓边，如图 5-17 所示。

（5）在"边倒角"操控板中单击"确定"按钮，从而完成边倒角操作。

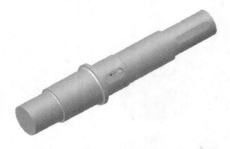

图 5-16　未进行边倒角的阶梯轴

图 5-17　选择边参考

### 5.2.2　拐角倒角

拐角倒角是一种特殊的倒角，它从零件的拐角处移除材料以在共有该拐角的 3 个原曲面间创建斜角曲面。在执行"拐角倒角"命令时，先选择由 3 条边定义的顶点，接着沿每个倒角方向的边设置相应的长度值。

下面通过一个案例来介绍拐角倒角的创建过程。

（1）在快速访问工具栏中单击"打开"按钮🖻，系统弹出"文件打开"对话框，选择 \DATA\ch5\拐角倒角\拐角倒角.prt 文件，单击"打开"按钮，打开图 5-18 所示的 100 mm×100 mm×100 mm 的正方体模型。

（2）在功能区"模型"选项卡的"工程"组中单击"拐角倒角"按钮 ◥，打开"拐角倒角"操控板。

（3）在图形窗口中选择要创建拐角倒角的顶点，如图 5-19 所示。

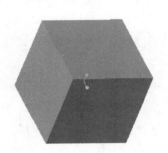

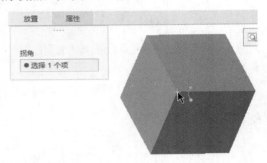

图 5-18　正方体模型　　　　　　　图 5-19　选择要创建拐角倒角的顶点

（4）在"拐角倒角"操控板中分别设置 D1 值为 65、D2 值为 50、D3 值为 80，如图 5-20 所示。

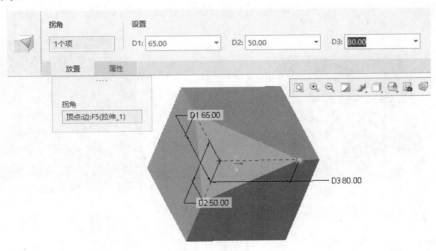

图 5-20　设置倒角拐角参数

（5）在"拐角倒角"操控板中单击"确定"按钮，完成拐角倒角的创建。

# 5.3 孔特征

孔特征在设计中较为常用。从外观上看，直孔特征与拉伸、旋转等切除材料所生成的切口特征没有什么区别，但实际上孔特征使用一个比切口标注形式更为理想的预定义放置形式，基本不需要草绘（"草绘孔"类型的孔特征除外）。单击"模型"选项卡"工程"组中的"孔"按钮，通过定义放置参考、设置偏移参考及定义孔的具体特性来创建孔特征。

孔特征主要有简单孔和标准孔两类，其中，典型的简单孔由带矩形截面的旋转切口组成，而标准孔由基于工业标准紧固件的旋转切口组成。

简单孔特征的创建又可分为以下几种。

（1）预定义矩形轮廓：使用预定义矩形定义钻孔轮廓。在默认情况下，Creo Parametric 8.0 创建单侧的简单孔。

（2）使用标准孔轮廓：使用标准孔轮廓定义钻孔轮廓。可以为创建的孔特征添加沉孔、埋头孔和刀尖角度等。

（3）草绘孔：使用草绘器中创建的草绘轮廓来定义钻孔轮廓。使用此方式可以创建各类异型的简单孔特征。

可根据设计要求来创建这些类型的标准孔：攻丝、钻孔、间隙孔和锥形孔等。

## 5.3.1 孔的放置参考

在创建孔特征时要选择放置参考来放置孔，并选择偏移参考来约束孔相对于选定参考的位置。在选择孔的放置参考时，在孔预览几何中会出现其相应的控制图柄，如图 5-21 所示。

偏移参考的作用是利用附加参考来约束孔相对于选择的边、基准平面、轴、点或曲面的位置，可以通过偏移参考控制图柄捕捉偏移参考。定义偏移参考时，偏移参考的尺寸值会出现在图形窗口中，如图 5-22 所示，接着根据设计要求修改偏移参照的相应尺寸。

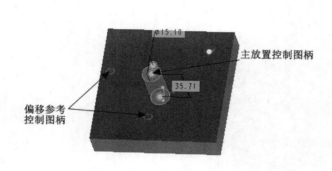

图 5-21 孔的放置控制图柄

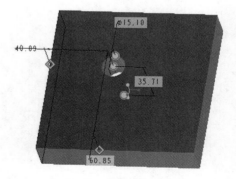

图 5-22 定义偏移参考

如果不使用出现的控制滑块，那么可以打开"孔"操控板中的"放置"面板，通过"放置"面板中的"放置"收集器和"偏移参考"收集器来确定主放置参考和偏移参考，并可以根据所选参照情况和设计要求在"类型"下拉列表框中更改放置类型。

　　在定义偏移参考时，不能选择与放置参考垂直的边，不能通过选择边来定义内部基准平面，而是需要创建新的基准平面。另外，在定义同轴孔时需要注意，在选择轴线作为放置参考后，系统默认的放置类型为"同轴"且不可更改，此时按住 Ctrl 键的同时选择另一个曲面参考作为第二放置参考即可定位孔。

### 5.3.2　孔的放置类型

　　选择放置参考后，接着可以定义孔的放置类型以确定孔放置的方式。当在模型中选择了孔放置参考后，Creo Parametric 8.0 会根据所选放置参考来自动提供一个最适宜的默认放置类型，用户可以在"孔"操控板"放置"下滑面板的"类型"下拉列表框中重新选择需要的放置类型选项，如图 5-23 所示。

图 5-23　孔的放置类型

　　下面列举一些常见的孔放置类型，如表 5-2 所示。

表 5-2　孔的放置类型

| 放 置 类 型 | 说　　明 | 示　　例 |
| --- | --- | --- |
| 线性 | 使用两个距离线性尺寸在主放置参考上定位并放置孔特征 | 110.00 Φ50.00 +80.00 |
| 径向 | 使用一个线性尺寸和一个角度尺寸放置孔 | Φ50.00 30.0 R150.00 |

续表

| 放 置 类 型 | 说　明 | 示　例 |
|---|---|---|
| 直径 | 选择一个参考轴作为其中一个偏移参考，通过绕参考轴旋转孔来放置孔。此放置类型使用线性和角度尺寸，线性尺寸标注的是孔中心相对于参考轴的直径 | |
| 同轴 | 将孔放置在轴与曲面的交点处，所述的曲面必须与轴垂直 | |
| 点上 | 将孔与位于曲面上的或偏移曲面的基准点对齐，此放置类型只有在选择基准点作为主放置参考时才可用 | |
| 草绘 | 将孔放置在草绘点、端点或中点以批量创建孔特征 | |

### 5.3.3　创建预定义钻孔轮廓的简单直孔

创建预定义钻孔轮廓的简单直孔时不需要草绘。以下实例将介绍创建此类简单直孔的一般方法和步骤。

（1）在快速访问工具栏中单击"打开"按钮📂，系统弹出"文件打开"对话框，选择\DATA\ch5\孔\支架.prt 文件，单击"打开"按钮，打开图 5-24 所示的支架模型。

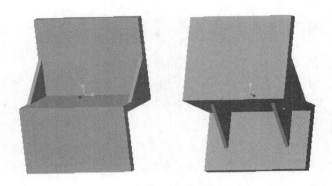

图 5-24　支架模型

（2）在功能区"模型"选项卡"工程"组中单击"孔"按钮，打开"孔"操控板。

（3）在"孔"操控板中单击左部的"简单"按钮，接着单击右侧的"平整"按钮，如图 5-25 所示。

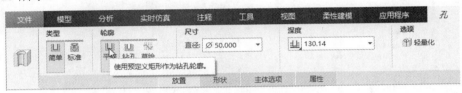

图 5-25　定义孔类型

（4）在"直径"文本框中输入 50，然后在"孔"操控板的"深度"选项下拉列表中选择"穿透"选项。

（5）在模型上选择放置孔的大致位置。接着打开"放置"面板，定义孔的放置类型为"线性"。

（6）分别将两个偏移参照控制滑块拖动到相应的偏移参照上，接着在"放置"面板的"偏移参考"收集器中设置偏移值，如图 5-26 所示。

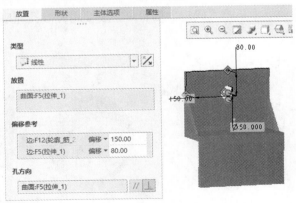

图 5-26　定义偏移参考及偏移尺寸

（7）在"孔"操控板中单击"确定"按钮，完成该简单直孔的创建。

### 5.3.4　创建使用标准孔轮廓的简单孔

继续在上一个实例完成的模型中创建使用标准孔轮廓的简单孔。

（1）在功能区"模型"选项卡"工程"组中单击"孔"按钮，打开"孔"操控板。

（2）在"孔"操控板中单击左部的"简单"按钮，然后单击"钻孔"按钮。

（3）在模型上选择放置孔的大致位置，然后在"放置"面板设置孔的放置类型为"线性"。

（4）在"放置"面板的"偏移参考"收集器框中单击，将其激活，选择如图 5-27 所示的两平面作为偏移参考，分别输入偏移值 60 和 80。

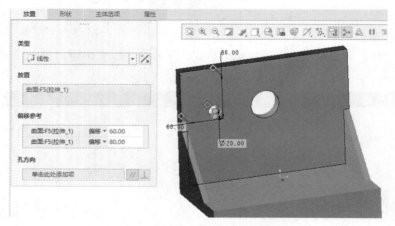

图 5-27　选定偏移参照并设置其偏移距离

（5）在"孔"操控板中设置孔的直径尺寸值为 20，在"深度"下拉列表中选择"穿透"选项。

（6）在"孔"操控板中单击"沉头孔"按钮，以添加沉头孔，打开"形状"下滑面板，设置图 5-28 所示的形状尺寸和形状选项。

（7）在"孔"操控板中单击"确定"按钮，完成使用标准孔轮廓的简单孔，如图 5-29 所示。

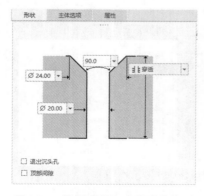

图 5-28　设置形状尺寸和形状选项

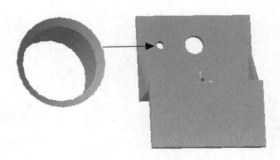

图 5-29　创建使用标准孔轮廓的简单孔

### 5.3.5　创建草绘孔

要创建草绘孔，必须创建草绘孔剖面或者进入内部草绘器中选择现有的草绘轮廓（草绘孔剖面）。草绘孔的草绘剖面要符合如下几点要求。

❑　　草绘孔截面为无内部相交的封闭环。

❑　　包含以几何中心线为对象的竖直旋转轴。

❑　　草绘孔截面的所有图元必须位于旋转轴（中心线）的一侧，并且使至少一个图元垂直于旋转轴。

下面继续在上一个实例完成的模型中介绍创建草绘孔的一般方法和步骤。

（1）在功能区"模型"选项卡"工程"组中单击"孔"按钮 ，打开"孔"操控板。

（2）在"孔"操控板中单击左部的"简单"按钮 ，然后单击"草绘"按钮 ，此时"孔"操控板如图 5-30 所示。如果要打开现有的一个草绘，则在"孔"操控板中单击"打开"按钮 ，弹出"打开剖面"对话框，选择一个现有的草绘文件（.sec）打开即可。

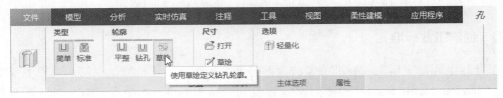

图 5-30　使用草绘定义钻孔轮廓

（3）在"孔"操控板中单击"草绘"按钮 ，进入草绘模式，绘制如图 5-31 所示的草绘孔剖面，单击"确定"按钮，退出草绘器。

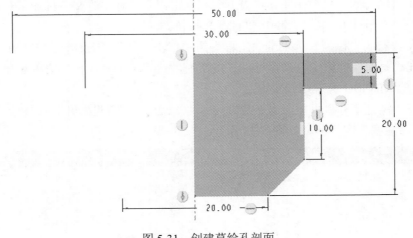

图 5-31　创建草绘孔剖面

（4）选择放置孔的大致位置，然后在"放置"面板中选择"线性"选项，激活"偏移参考"收集器，选择如图 5-32 所示的两平面作为偏移参考，分别输入偏移值 60 和 80。

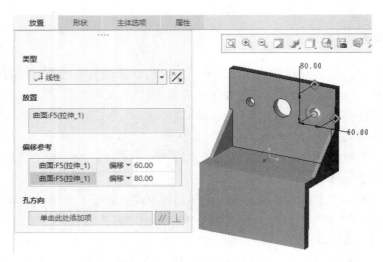

图 5-32　定义偏移参照及其偏移距离尺寸

（5）在"孔"操控板中单击"确定"按钮，完成草绘孔的创建。

### 5.3.6　创建工业标准孔

工业标准孔是采用工业标准的螺纹数据等参数来创建的孔特征，在创建过程中不需要草绘。Creo Parametric 8.0 系统中的工业标准孔可以基于 ISO、UNC 或 UNF 标准（孔图表）。对于标准孔，允许系统自动创建螺纹注释。

工业标准孔包括攻丝⬧、钻孔⬚、间隙孔⬚等。下面以在六角柱上创建一个工业标准螺纹钻孔为例，说明创建工业标准孔的一般方法和步骤。

（1）在快速访问工具栏中单击"打开"按钮🗁，系统弹出"文件打开"对话框，选择\DATA\ch 5\孔\六角柱.prt 文件，单击"打开"按钮。

（2）在功能区"模型"选项卡"工程"组中单击"孔"按钮🖫，打开"孔"操控板。

（3）在"孔"操控板中单击"标准"按钮🖼，然后单击"直孔"按钮⬚和"攻丝"按钮⬧，接受默认的 ISO 标准螺纹类型。

（4）在"螺钉尺寸"框🔻中选择螺钉尺寸为 M 25×1.5，设置孔的深度值为 40，并选择"钻孔肩部深度"图标⬚，如图 5-33 所示。

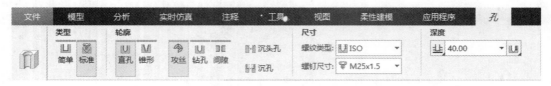

图 5-33　设置创建工业标准螺纹钻孔

（5）打开"放置"面板，选择六角柱的上端面作为放置孔的主放置参照位置，接着在按住 Ctrl 键的同时选择基准轴 A_1，系统默认以唯一的同轴方式放置孔特征，如图 5-34 所示。

（6）打开"形状"面板，设置工业标准螺纹钻孔的相关形状尺寸，如图 5-35 所示。

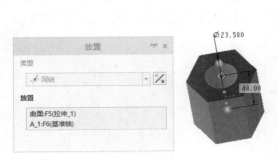
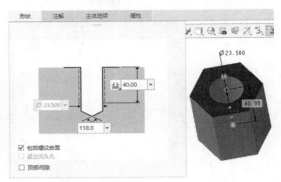

图 5-34　选择主参考放置　　　　　图 5-35　设置工业标准螺纹钻孔的形状尺寸

（7）在"孔"操控板中单击"确定"按钮，完成工业标准螺纹钻孔特征的创建，如图 5-36 所示。

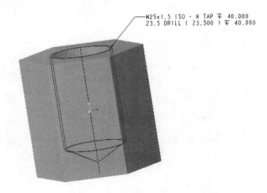

图 5-36　创建工业标准螺纹钻孔

## 5.4　壳特征

壳特征是一类将实体内部的材料去除而只留下指定壁厚的薄壳实体特征。它可用于指定要从壳移除的一个或多个曲面。如果未指定要移除的曲面，那么系统将会创建一个"封闭"的壳，即将零件的整个内部掏空，没有入口连接空心部分。

在功能区"模型"选项卡的"工程"组中单击"壳"按钮，打开"壳"操控板，如图 5-37 所示。

图 5-37　"壳"操控板

在创建壳特征时，如果在"壳"操控板中单击"更改厚度方向"按钮，或者在"厚度"框中输入负的厚度值，壳厚度将被添加到零件的外部。

在定义壳特征时，可以为选定的一些曲面设定不同的厚度。在"壳"操控板的"参考"

面板中激活"非默认厚度"收集器，然后选择所需的实体曲面（如果要选择多个，则需要同时按住 Ctrl 键进行选择），接着为所选的各曲面单独设置相应的厚度值，如图 5-38 所示。

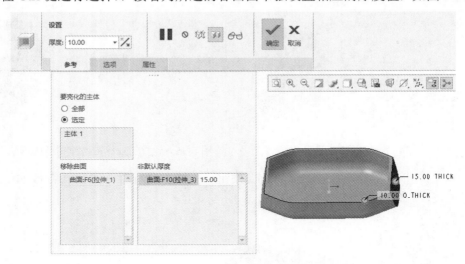

图 5-38　设置非默认厚度

另外，在"壳"操控板的"选项"下滑面板中提供了一个"排除的曲面"收集器，用于收集一个或多个要从壳排除的曲面，使其不被壳化，也称"部分壳化"操作。如图 5-39 所示，在该实例中将水杯把手曲面作为要排除的曲面，那么抽壳过程中整个把手都将不被壳化。

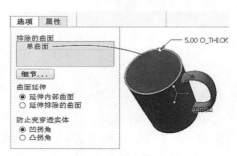

图 5-39　部分壳化

下面以灯罩抽壳为例，说明创建壳特征的一般方法和步骤。

（1）在快速访问工具栏中单击"打开"按钮![icon]，系统弹出"文件打开"对话框，选择\DATA\ch 5\壳\灯罩.prt 文件，单击"打开"按钮，如图 5-40 所示。

图 5-40　灯罩原模型

（2）在功能区"模型"选项卡的"工程"组中单击"壳"按钮，打开"壳"操控板。

（3）选择如图 5-41 所示的实体表面作为要移除的曲面，即选择该曲面作为壳特征的"开口面"。

（4）在"壳"操控板的"厚度"框中将壳的厚度值修改为 2.5，如图 5-42 所示。

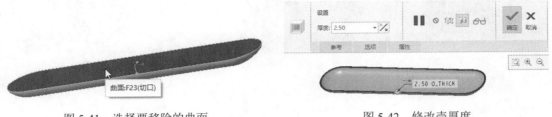

图 5-41　选择要移除的曲面　　　　　　　　图 5-42　修改壳厚度

（5）在"壳"操控板中单击"完成"按钮，完成灯罩中壳特征的创建。

## 5.5　筋特征

在设计中，筋是来加固零件结构、提高强度的一类工程特征。常见的连接到实体曲面的薄翼或腹板伸出项都可以是筋特征。在 Creo Parametric 8.0 中，筋特征有两种典型类型，即轮廓筋和轨迹筋。

### 5.5.1　轮廓筋

轮廓筋是指在设计中连接到实体曲面的薄翼或腹板伸出项。轮廓筋特征仅在零件模式中可用，可以对轮廓筋特征执行阵列、修改、编辑定义、重定参照等操作。

要设计轮廓筋特征，则单击"轮廓筋"按钮，接着主要执行以下 3 个方面的操作。

#### 1．定义有效的轮廓筋截面

通过从模型树中选择"草绘"特征（草绘基准曲线）来创建轮廓筋截面，或草绘一个新的独立截面作为轮廓筋截面。筋特征草绘必须满足的标准或规则如表 5-3 所示。

表 5-3　筋特征草绘必须满足的标准或规则

| 序　号 | 标准或规则 |
| --- | --- |
| 1 | 单一的开放环 |
| 2 | 连续的非内部相交的草绘图元 |
| 3 | 草绘端点必须与形成封闭区域的连接曲面重合 |

#### 2．轮廓筋特征的材料侧设置

轮廓筋特征的材料侧设置操作分两个步骤。首先，在完成筋截面草绘后，必须将方向箭头指向要填充的草绘线侧。当遇到默认方向箭头未指向要填充的草绘线侧时，用户可以在"轮廓筋"操控板的"参考"面板中单击"反向"按钮来进行方向切换。

其次，确定草绘平面加厚筋特征的方向侧。相对于草绘平面加厚的材料侧方向可以有

3 种，即"对称（向两侧）""侧一"和"侧二"，如图 5-43 所示。

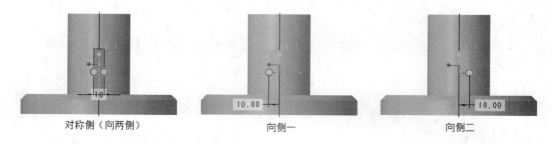

対称側（向两侧）　　　　　向側一　　　　　　　向側二

图 5-43　切换筋材料侧方向

### 3．设置筋厚度尺寸

在"轮廓筋"操控板的"宽度"尺寸框中设置筋厚度尺寸。

下面通过实例说明创建轮廓筋特征的一般方法和步骤。

（1）在快速访问工具栏中单击"打开"按钮，系统弹出"文件打开"对话框，选择 \DATA\ch 5\筋\轮廓筋\contour_rib.prt 文件，单击"打开"按钮，如图 5-44 所示。

（2）在功能区"模型"选项卡的"工程"组中单击"筋"旁的下三角按钮，并单击"轮廓筋"按钮，打开"轮廓筋"操控板。

（3）在"轮廓筋"操控板中单击"参考"下滑面板中的"定义"按钮，弹出"草绘"对话框，选择 FRONT 基准平面作为草绘平面，默认以 RIGHT 基准平面为"右"方向参考，在"草绘"对话框中单击"草绘"按钮，进入内部草绘器。

（4）先单击"线链"按钮绘制一条线段，接着单击"约束"组中的"重合"按钮，分别将其线端点设置与曲面轮廓边重合，并修改相关的尺寸。单击"确定"按钮，完成轮廓筋草绘，效果如图 5-45 所示。

图 5-44　原始模型

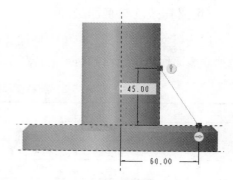

图 5-45　完成轮廓筋草绘

（5）单击调整箭头方向，使方向箭头指向要填充的草绘线侧，并调整加厚方向，使材料对称加厚，如图 5-46 所示。

（6）在"轮廓筋"操控板的"宽度"尺寸框中设置筋厚度值为 10。

（7）在"轮廓筋"操控板中单击"完成"按钮，完成轮廓筋特征的创建，如图 5-47 所示。

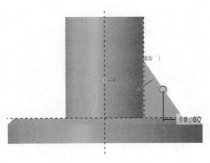

图 5-46　调整方向箭头

图 5-47　完成轮廓筋的创建

## 5.5.2　轨迹筋

轨迹筋多用在某类塑料零件中，起到加固塑料零件的作用。所谓的轨迹筋特征实际上是一条"轨迹"实体，可包含任意数量和任意形状的段，此特征还可以包括每条边的倒圆角和拔模（拔模角度在 0°～30°）等。

轨迹筋的基本设计思路是通过在零件腔槽曲面之间草绘筋路径，或通过选择现有合适的草绘来创建轨迹筋，轨迹筋底部是与零件曲面相交的一端，而顶部曲面由所选的草绘平面所定义，筋几何的侧曲面延伸至遇到的下一个曲面。

在功能区"模型"选项卡的"工程"组中单击"筋"旁的下三角按钮 ▾，然后单击"轨迹筋"按钮 ，打开如图 5-48 所示的"轨迹筋"操控板。

图 5-48　"轨迹筋"操控板

其中，"放置"下滑面板用于定义或编辑轨迹筋放置草绘，"形状"下滑面板用于定义和预览轨迹筋的横截面，"属性"下滑面板则用于设置特征名称以及查阅详细的特征信息。

筋轨迹草绘可包含开放环、封闭环、自交环或多环。如果筋路径穿过基础曲面中的孔或切口，则无法创建轨迹筋。

下面以实例方式来介绍创建轨迹筋的一般方法和步骤。

（1）在快速访问工具栏中单击"打开"按钮 ，系统弹出"文件打开"对话框，选择 \DATA\ch 5\筋\轨迹筋\track_rib.prt 文件，单击"打开"按钮，如图 5-49 所示。

（2）在功能区"模型"选项卡的"工程"组中单击"筋"旁的下三角按钮 ▾，然后单击"轨迹筋"按钮 ，打开如图 5-48 所示的"轨迹筋"操控板。

（3）在"放置"下滑面板中单击"定义"按钮，弹出"草绘"对话框，选择 DTM1 基准平面作为草绘平面。

（4）在草绘器中绘制如图 5-50 所示的筋特征轨迹线。单击"确定"按钮，完成草绘并关闭草绘器。

图 5-49　原始模型

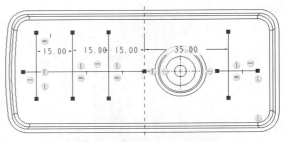

图 5-50　草绘轨迹筋的轨迹线

（5）在"轨迹筋"操控板中定义筋的宽度、倒圆角和拔模等截面属性，在"宽度"尺寸框中设置筋宽度为 1.5，并单击"添加拔模"按钮和"倒圆角内部边"按钮，接着打开"形状"下滑面板进行相关参数设置，如图 5-51 所示。

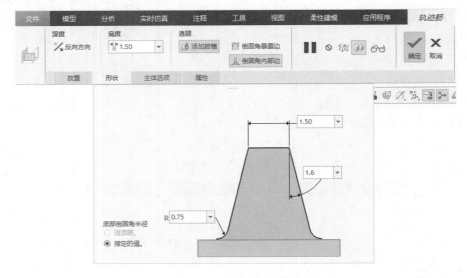

图 5-51　定义筋的界面属性

（6）在"轨迹筋"操控板中单击"完成"按钮，完成轨迹筋特征的创建，效果如图 5-52 所示。

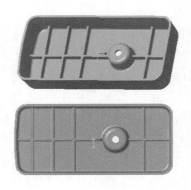

图 5-52　完成轨迹筋特征后的模型效果

## 5.6 拔模特征

拔模通常用于对模型、部件、模具或冲模的竖直面添加斜度，以便借助拔模面将部件或模型与其模具或冲模分开。Creo Parametric 8.0 中的拔模特征是将-30°和+30°之间的拔模角度添加到模型中指定的曲面上。当曲面边的边界周围有圆角特征时，不能创建常规拔模特征。在实际设计时，可以首先拔模，然后再对边进行圆角过渡。

可以对实体曲面或面组曲面进行拔模，但不可以对两者的组合进行拔模。

初学者要理解以下与拔模特征相关的专业术语。

- ❑ 拔模曲面：要拔模的模型的曲面。
- ❑ 拔模枢轴：确定在拔模创建完毕后模型上大小维持不变的位置。拔模曲面围绕它与此平面的相交部分旋转，可以通过选择平面或者选择拔模曲面上的单个曲线链来定义拔模枢轴。
- ❑ 拖动方向（也称作拔模方向）：用于测量拔模角的方向。拖动方向通常为模具开模的方向，可以通过选择平面（在这种情况下拖动方向垂直于此平面）、直线边、两点、基准轴或坐标轴来定义它。
- ❑ 拔模角度：拔模方向与生成的拔模曲面之间的角度。如果拔模曲面被分割，则可以为拔模曲面的每侧定义独立的角度。拔模角度在-89.9°～+89.9°范围。

拔模特征可以分为基本拔模、可变拔模、分割拔模等。

### 5.6.1 基本拔模

基本拔模是指将设定的拔模角度以最基本的方式添加到零件的曲面上，下面结合实例来介绍如何创建基本拔模特征。

（1）在快速访问工具栏中单击"打开"按钮 📂，系统弹出"文件打开"对话框，选择\DATA\ch5\拔模\draft_basic.prt 文件，单击"打开"按钮，如图 5-53 所示。

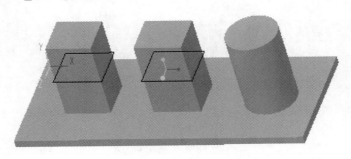

图 5-53　原始模型

（2）在功能区"模型"选项卡的"工程"组中单击"拔模"按钮 ，打开"拔模"操控板。

（3）选择拔模曲面。在"参考"下滑面板中，"拔模曲面"处于被激活状态，选择最右侧圆柱面作为拔模曲面进行拔模，如图 5-54 所示。

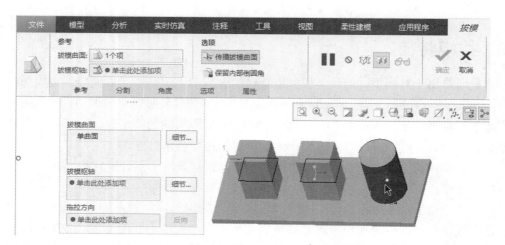

图 5-54　在"参考"下滑面板中选择拔模曲面

（4）定义拔模枢轴。在"参考"下滑面板中的"拔模枢轴"收集器中单击以将其激活，选择圆柱上表面作为拔模枢轴，此时拖动激活的圆形控制滑块，可以调整拔模方向。

（5）设置拔模角度与拔模方向。在"角度"框中输入 10，如图 5-55 所示。若要调整拔模方向，可单击"反转角度以添加或去除材料"按钮 ，或者在角度框中输入负值。

（6）在"拔模"操控板中单击"确定"按钮，完成该基本拔模特征后的模型效果如图 5-56 所示。

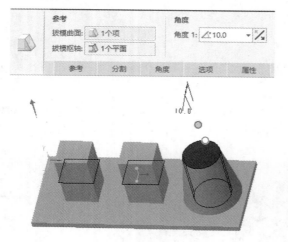

图 5-55　设置拔模角度与拔模方向

图 5-56　完成基本拔模特征

### 5.6.2　可变拔模

基础拔模是以恒定拔模角度应用于整个拔模曲面，而在可变拔模中，可以沿着拔模曲面将可变拔模角度应用于添加的控制点处。如果拔模枢轴是曲线，则角度控制点位于拔模枢轴上；如果拔模枢轴是平面，则角度控制点位于拔模曲面的轮廓上。可变拔模示例如图 5-57 所示。

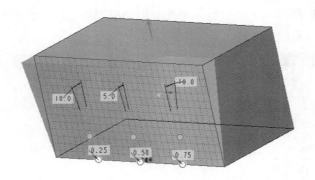

图 5-57　可变拔模示例

要创建可变拔模特征，可以在执行拔模工具命令并选择拔模曲面和定义拔模枢轴、拔模方向之后，在预览特征中连接到拔模角度的圆形控制滑块处右击，弹出一个快捷菜单，如图 5-58（a）所示，然后从该快捷菜单中选择"添加角度"选项，从而在默认位置添加一个拔模角度控制点，如图 5-58（b）所示。另外，也可以使用功能区"拔模"操控板的"角度"面板来添加拔模角度，其方法是在"角度"面板的角度列表中右击已有的一个拔模角度，如图 5-58（c）所示，然后从弹出的快捷菜单中选择"添加角度"选项即可。

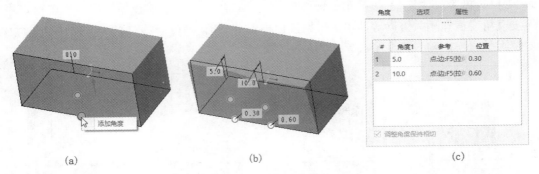

图 5-58　添加拔模角度控制点

要修改角度控制点的位置，则可以在图形窗口中单击圆形控制滑块，接着在边上拖动它，或者在图形窗口中双击位置值，然后键入或选择新值；要修改拔模角度，则常用方法是在图形窗口中双击拔模角度值，然后键入或选择新值。另外，打开"拔模"操控板的"角度"下滑面板，在相应的角度表格中可修改角度值和位置值。

如果要恢复为恒定拔模，则可以使用快捷菜单中的"成为常数"命令，使用该命令将删除除第一个拔模角度以外的其他所有拔模角度。

### 5.6.3　分割拔模

创建拔模特征时，可以按拔模曲面上的拔模枢轴或分割对象（如不同的曲线）进行分割拔模。

在功能区"拔模"操控板的"分割"下滑面板中，从"分割选项"下拉列表框中选择所需的分割选项，可供选择的分割选项有"不分割""根据拔模枢轴分割"和"根据分割对象分割", 如图 5-59 所示。下面结合示例来介绍"根据拔模枢轴分割"和"根据分割对象分割"的应用。

图 5-59  选择分割选项

## 1. 根据拔模枢轴分割

在"拔模"操控板中打开"分割"下滑面板,从"分割选项"下拉列表框中选择"根据拔模枢轴分割"选项,并在"侧选项"下拉列表框中选择"独立拔模侧面""从属拔模侧面""只拔模第一侧""只拔模第二侧"中的一个选项,接着在"拔模"操控板中指定相关的拔模角度值和相关方向等即可。根据拔模枢轴分割的 4 种示例如图 5-60 所示,每个示例均使用了拔模枢轴(基准平面)作为分割对象。

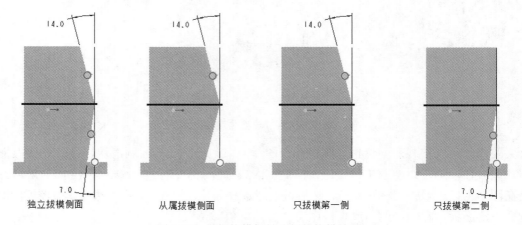

图 5-60  根据拔模枢轴分割的拔模结果

## 2. 根据分割对象分割

根据分割对象分割在操作中需要使用草绘创建分割对象,可以选择现有草绘作为分割对象,也可以定义一个新草绘。当草绘没有位于拔模曲面上时,Creo Parametric 8.0 将以垂直于草绘平面的方向将其投影到拔模曲面上。下面结合实例来介绍如何根据分割对象分割创建拔模特征。

(1)在快速访问工具栏中单击"打开"按钮 ,系统弹出"文件打开"对话框,选择 \DATA\ch 5\拔模\draft_basic.prt 文件,单击"打开"按钮,打开图 5-53 所示的模型。

（2）在功能区"模型"选项卡的"工程"组中单击"拔模"按钮 ，打开"拔模"操控板。

（3）在"参考"下滑面板中，"拔模曲面"处于被激活状态，选择最左侧长方体的左侧面作为拔模曲面进行拔模，以底板上表面为拔模枢轴，如图 5-61 所示。

（4）打开"分割"面板，接着从"分割选项"下拉列表框中选择"根据分割对象分割"选项。在"分割"面板中单击"分割对象"收集器旁的"定义"按钮，系统弹出"草绘"对话框。

（5）选择拔模曲面作为草绘平面，绘制如图 5-62 所示的连续图元链。

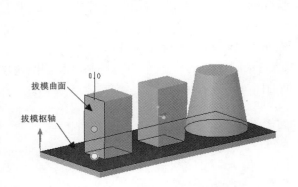

图 5-61　制定拔模曲面和拔模枢轴

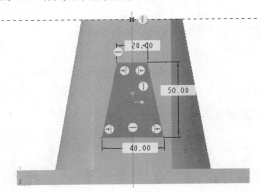

图 5-62　草绘连续图元链

（6）在"拔模"操控板"角度"选项下面的第一个（角度 1）文本框中输入 6，在下边的（角度 2）文本框中输入 0，然后单击"确定"按钮，完成使用草绘创建分割拔模特征，效果如图 5-63 所示。

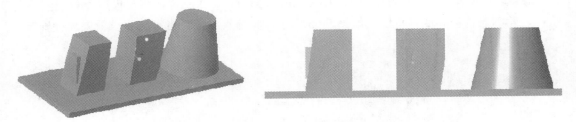

图 5-63　使用草绘创建分割拔模特征效果图

## 5.7　本章小结

工程特征是指在别的三维模型上创建的诸如倒圆角、倒角、孔、壳、筋和拔模等特征。本章结合典型范例深入浅出地介绍了常用的工程特征，包括倒圆角、倒角（边倒角和拐角倒角）、孔、壳、筋（轮廓筋和轨迹筋）和拔模（基本拔模、可变拔模和分割拔模）等特征。

在学习相关工程特征时，需要注意它们的一些典型特点和限制条件。例如，倒圆角和倒角具有"集"和"过渡"的概念，孔特征和常规切口不同，抽壳操作可以为不同曲面指定独立壁厚并指定排除曲面，轮廓筋和轨迹筋的草绘是有一定要求的，等等。另外，要特别注意创建圆角特征与拔模操作之间的次序，通常先拔模，然后再对边进行圆角过渡，这是因为曲面边的边界周围有圆角时不能拔模。

## 5.8 思考与练习题

1. 倒圆角特征主要分为哪几种类型？如何理解倒圆角特征的"集"和"过渡"概念？

2. 如果要将可变倒圆角特征更改为恒定倒圆角，那么应该如何进行操作？

3. 筋特征主要分为哪两种？它们各自具有什么样的使用特点？

4. 简单孔包括哪些孔？在创建可变简单直孔的过程中，如果要反转孔的深度方向，那么应该如何处理？

5. 如何创建具有排除曲面和开口面的壳特征？可以举例进行辅助说明。

6. 上机操作：打开练习素材\DATA\ch 5\练习素材\ex 1.prt，接着创建壳特征和倒圆角特征，其中，在创建抽壳特征时要求杯子把柄曲面处不进行抽壳处理。练习前后的模型示意如图 5-64 所示。

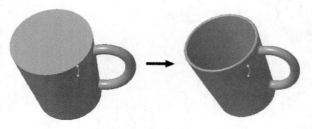

图 5-64　上机操作 1

7. 上机操作：打开练习素材\DATA\ch 5\练习素材\ex 2.prt，在练习模型上分别创建孔特征、轮廓筋特征和倒角特征，如图 5-65 所示，具体尺寸由读者根据要求效果自行确定。

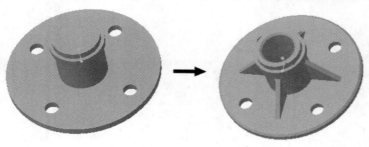

图 5-65　上机操作 2

# 第 6 章

# 实体特征的编辑

在原始特征的基础上进行一些编辑操作，可以获得所需的模型效果或满足设计要求的特征，这些编辑操作主要包括镜像、复制和粘贴、移动、阵列、延伸、合并、修剪、相交、投影、包络、填充、偏移、加厚、实体化、移除曲面、分割曲面等。在 Creo Parametric 8.0 中，将通过这些编辑操作获得的特征统称为"编辑特征"。

本章介绍上述常见"编辑特征"的创建知识，涉及编辑处理实体、曲面和曲线相关方面。合理地使用相关的编辑工具命令，可大大提高设计效率。

## 6.1 镜像特征

使用"镜像"工具 ⋈ 可以快速地创建在平面、曲面周围镜像的特征和几何对象的副本。镜像副本既可以是独立镜像，也可以是从属镜像（随原始特征或几何更新）。要使用"镜像"工具，必须先选择镜像的特征。

镜像情形主要分为两种：一种是特征镜像，另一种则是几何镜像，如表 6-1 所示。

表 6-1　镜像操作说明

| 镜像方法 | 说　明 | 备　注 |
|---|---|---|
| 特征镜像 | "所有特征"镜像 | 复制特征并创建包含模型所有特征几何对象的合并特征，一般在模型树中选择所有特征 |
| | "选择特征"镜像 | 仅复制选定的特征 |
| 几何镜像 | 镜像诸如基准、面组和曲面等几何项目 | 通过"过滤器"选择"几何"或"基准"，然后进行镜像操作 |

### 1. 镜像特征的创建步骤及方法

（1）选择镜像的一个或多个项目（特征或几何）。

（2）在功能区“模型”选项卡的“编辑”组中单击“镜像”按钮，打开图 6-1 所示的“镜像”操控板。

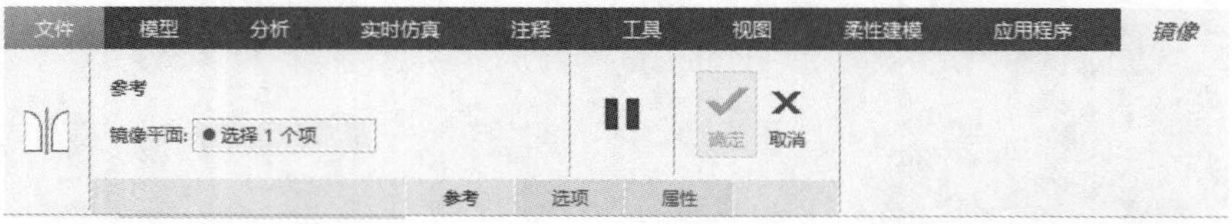


图 6-1 “镜像”操控板

（3）指定镜像平面。

（4）在“镜像”操控板中单击“确定”按钮。

对于实体特征镜像，可以设置为从属副本（完全从属于要改变的选项或部分从属）或独立于原始特征。例如，如果要使镜像特征独立于原始特征，那么可以打开“选项”下滑面板，取消选中“从属副本”复选框，如图 6-2 所示。

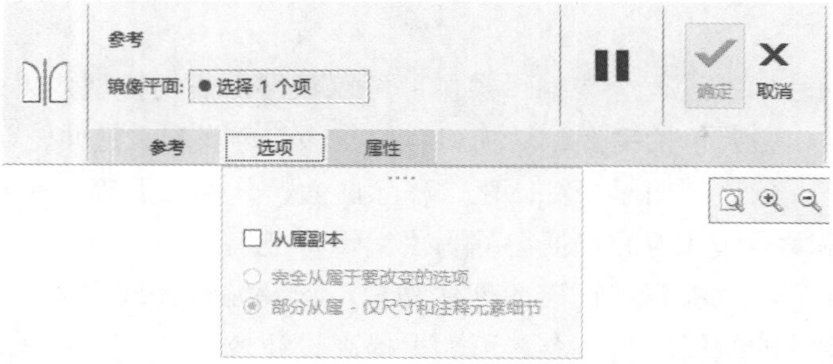


图 6-2 镜像特征独立于原始特征

对于一些几何镜像，如果只要求显示新镜像得到的几何而隐藏原始几何，那么在“选项”下滑面板中选中“隐藏原始几何”复选框，如图 6-3 所示。

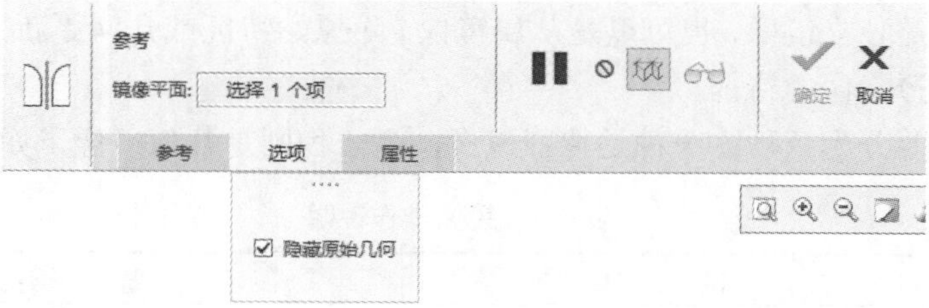


图 6-3 隐藏原始几何

## 2．镜像特征的操作案例

（1）在快速访问工具栏中单击“打开”按钮，系统弹出“文件打开”对话框，选择 \DATA\ch6\镜像\mirror_all_features.prt 文件，单击“打开”按钮，打开图 6-4 所示的模型。

（2）在模型树中单击选择零件模型。

（3）在功能区“模型”选项卡的“编辑”组中单击“镜像”按钮，打开“镜像”操控板。

（4）选择 RIGHT 基准平面作为镜像平面，并在"镜像"操控板的"选项"下滑面板中选中"从属副本"复选框，并单击"部分从属-仅尺寸和注释元素细节"单选按钮。

（5）在"镜像"操控板中单击"确定"按钮，完成镜像操作，效果如图 6-5 所示。

图 6-4　零件原始模型

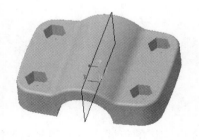

图 6-5　完成几何镜像

## 6.2　复制和粘贴

在设计过程中，可使用"复制""粘贴""选择性粘贴"命令在同一模型内或跨模型复制并放置特征或特征集、几何、曲线和边链。当复制特征或几何时，默认情况下，系统会将其放置到剪贴板中，并且可连同其参照、设置和尺寸一起进行粘贴，直到将其他特征复制到剪贴板中为止。

复制和粘贴的工具按钮位于功能区"模型"选项卡的"操作"组中，如图 6-6 所示。

图 6-6　复制与粘贴的工具按钮

当选定要复制的有效对象后，"复制"按钮才被激活，然后单击"复制"按钮，系统在默认情况下将要复制的特征或几何复制到剪贴板中，并且可连同其参考、设置和尺寸一起进行粘贴。当剪贴板中有可用于粘贴的特征或几何时，"粘贴"按钮和"选择性粘贴"按钮才被激活。

复制和粘贴特征有两种工作方式。

（1）复制→粘贴：单击"复制"按钮将选定的特征复制到剪贴板后，单击"粘贴"按钮，此时系统会打开特征创建工具并允许用户重新定义复制的特征。

（2）复制→选择性粘贴：单击"复制"按钮将选定的特征复制到剪贴板后，单击"选择性粘贴"按钮，系统弹出如图 6-7 所示的"选择性粘贴"对话框，使用此对话框可以创建原始特征的从属副本（复制和粘贴特征从属于原始特征的尺寸或草绘，或完全从属于原始特征的所有属性、元素和参数），可以通过平移、旋转（或同时使用这两种操作）来移动副本，还可以通过选中"高级参考配置"复选框以使用原始参考或新参考在同一模型中或跨模型粘贴复制特征。

图 6-7　"选择性粘贴"对话框

下面以实例的形式介绍各种复制和粘贴的用法。特别要注意"粘贴"和"选择性粘贴"命令在操作上和功能上的异同之处。

在快速访问工具栏中单击"打开"按钮，系统弹出"文件打开"对话框，选择\DATA\ch6\复制与粘贴\copy_paste.prt 文件，单击"打开"按钮，打开图 6-8 所示的模型。

图 6-8　原始模型

### 1．复制→粘贴操作

（1）在选择过滤器下拉列表框中选择"特征"选项，接着在图形窗口中选择图 6-9 所示的拉伸切口特征。

图 6-9　在图形区选择拉伸切口

（2）在功能区"模型"选项卡的"操作"组中单击"复制"按钮 。

（3）在功能区"模型"选项卡的"操作"组中单击"粘贴"按钮 ，或者按 Ctrl+V 组合键，打开该特征的"拉伸"操控板。

（4）在"拉伸"操控板中单击"放置"下滑面板中出现的"编辑"按钮，系统弹出"草绘"对话框，单击模型底板上表面作为草绘平面，以 RIGHT 基准平面作为"右"方向参照，然后单击"草绘"对话框中的"草绘"按钮，进入内部草绘器。

（5）拉伸切口的截面依附于鼠标指针，移动鼠标指针，在大概的放置位置处单击，然后添加几何约束和修改尺寸，完成如图 6-10 所示的拉伸截面，单击"确定"按钮退出内部草绘器。

（6）单击"拉伸"操控板中的"确定"按钮，此时模型如图 6-11 所示。

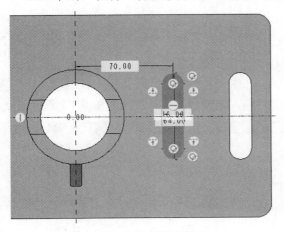

图 6-10　修改拉伸截面

图 6-11　复制和粘贴后的模型

### 2．复制→选择性粘贴操作 1

（1）在功能区"模型"选项卡的"操作"组中单击"选择性粘贴"按钮 🖼，系统弹出"选择性粘贴"对话框。

（2）在"选择性粘贴"对话框中选中"从属副本"复选框，其他选项设置如图 6-7 所示，然后单击"确定"按钮，打开该特征的"拉伸"操控板。

（3）在"拉伸"操控板中单击"放置"下滑面板中出现的"编辑"按钮，此时系统弹出"草绘"对话框，然后单击"草绘"对话框中的"使用先前的"按钮，进入草绘模式。

（4）拉伸切口的截面依附于鼠标指针，移动鼠标指针，在大概的放置位置处单击，然后添加几何约束和修改尺寸，完成如图 6-12 所示的拉伸截面，单击"确定"按钮退出内部草绘器。

（5）单击"拉伸"操控板中的"确定"按钮，此时模型如图 6-13 所示。

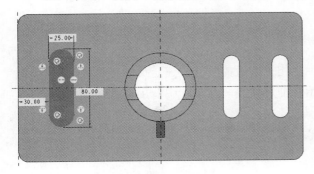

图 6-12　修改拉伸截面

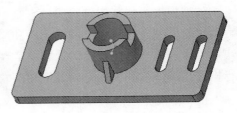

图 6-13　选择性粘贴操作后的模型

### 3. 复制→选择性粘贴操作 2

（1）在图形窗口选择轮廓筋特征。

（2）按 Ctrl+C 组合键，复制该特征。

（3）在功能区"模型"选项卡的"操作"组中单击"选择性粘贴"按钮 🛅，系统弹出"选择性粘贴"对话框。

（4）在"选择性粘贴"对话框中选中"从属副本"复选框，并单击"完全从属于要改变的选项"单选按钮，接着选中"对副本应用移动/旋转变换"复选框，如图 6-14 所示。然后单击"确定"按钮，系统打开"移动（复制）"操控板。

（5）在"移动（复制）"操控板中单击"相对于选定参照旋转特征"按钮 ↺，在模型中选择 A_1 特征轴作为旋转变换中心线，接着输入旋转角度为 120，如图 6-15 所示。

图 6-14　选择性粘贴操作　　　　　图 6-15　设置变换模式及其参照、参数

（6）在"移动（复制）"操控板中单击"确定"按钮，完成旋转复制操作，效果如图 6-16 所示。

图 6-16　旋转复制变换效果

## 6.3　阵列

阵列由多个特征实例组成，它是一种由相关参数控制的快速定义的特征，这些阵列参数可以是实例数、实例之间的间距和原始特征尺寸等。在设计中使用阵列的好处主要有：快速生成一系列的特征实例，容易实现参数控制，对包含在一个阵列中的多个特征同时执行操作比操作单独特征更为方便和高效等。

阵列类型的选择是在"阵列"操控板的"类型"选项下拉列表框中，如图 6-17 所示。

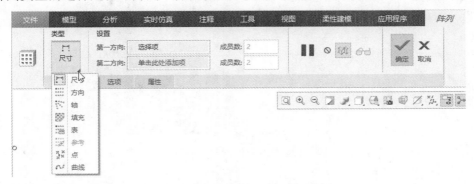

图 6-17　阵列类型

一般只能阵列单个特征。如果要一次阵列多个特征，则可先将这些特征组合成局部组，然后再阵列这个局部组即可。

## 6.3.1　尺寸阵列

尺寸阵列是指通过使用驱动尺寸并指定阵列的增量变化来创建的阵列，尺寸阵列可以是单向的，也可以是双向的。下面以实例的形式介绍尺寸阵列的操作方法及步骤。

（1）在快速访问工具栏中单击"打开"按钮，系统弹出"文件打开"对话框，选择\DATA\ch 6\阵列\dim_array.prt 文件，单击"打开"按钮，打开图 6-18 所示的模型。

图 6-18　原始模型

（2）在模型树中选择"拉伸 2"特征。

（3）在功能区"模型"选项卡的"编辑"组中单击"阵列"按钮▦，打开"阵列"操控板。此时，在图形窗口中显示选定特征的尺寸。

（4）默认的阵列类型为"尺寸"，此时可以打开"阵列"操控板的"尺寸"下滑面板，"方向 1"收集器被激活，在第一方向上选择数值为 15 的尺寸，设置其增量为 42，在"阵列"操控板"第一方向"右侧的"成员数"文本框中输入 5，如图 6-19 所示。

（5）在"尺寸"下滑面板的"方向 2"收集器框中单击，将该收集器激活，在图形窗口中选择第二方向上尺寸数值为 15 的尺寸，并设置其增量为 35，在"阵列"操控板"第二方向"右侧的"成员数"文本框中输入 3，如图 6-20 所示。

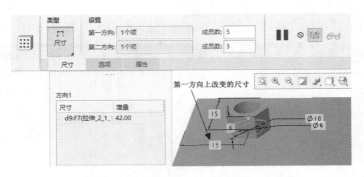

图 6-19 设置第一方向的尺寸增量及成员数

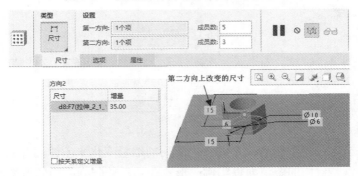

图 6-20 设置第二方向的尺寸增量及成员数

（6）在"阵列"操控板中单击"确定"按钮，完成效果如图 6-21 所示。

图 6-21 完成双方向的尺寸阵列

## 6.3.2 方向阵列

方向阵列是通过指定方向并设置阵列方向上的增量来创建的阵列，方向阵列可以是单向的，也可以是双向的。下面介绍一个创建方向阵列的典型范例。

（1）在快速访问工具栏中单击"打开"按钮，系统弹出"文件打开"对话框，选择\DATA\ch6\阵列\dir_array.prt 文件，单击"打开"按钮，打开图 6-22 所示的模型。

图 6-22 原始模型

（2）在模型树中选择特征"孔1"，单击"阵列"按钮▦，打开"阵列"操控板。

（3）在"阵列"操控板的"类型"选项下拉列表框中选择"方向"选项。

（4）选择图6-23所示的边线作为方向1参照，接着设置第一方向的阵列成员数为5，其阵列成员之间的距离为40。

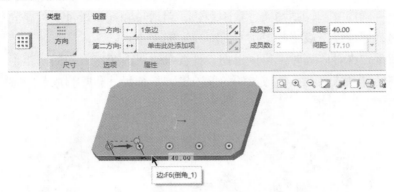

图6-23　设置方向1的方向参照及参数

（5）在"阵列"操控板的"第二方向"收集器的框内单击，将其激活，选择图6-24所示的边线作为方向2参照，设置第二方向的阵列成员数为3，输入第二方向的相邻阵列成员之间的距离为40，并单击"反向第二方向"按钮✕使阵列方向反向。

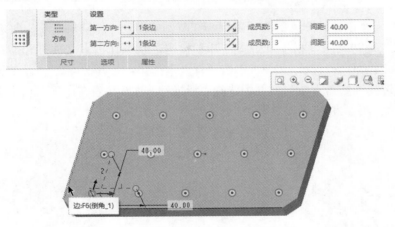

图6-24　设置方向2的方向参照及参数

（6）在"阵列"操控板中单击"确定"按钮，完成效果如图6-25所示。

图6-25　创建双向的方向阵列效果图

在创建方向阵列时，如果使尺寸按一定增量变化，可在"阵列"操控板的"尺寸"下滑面板中选择阵列特征的尺寸，然后定义尺寸增量。例如，可改变孔直径等。

### 6.3.3　轴阵列

轴阵列也称圆周阵列，是指通过指定轴线、角增量和径向增量来创建的径向阵列。使用该方式的阵列还可以形成螺旋形排布的阵列实例。

在创建或重定义轴阵列时，可以根据设计要求来更改角度方向的间距、径向方向的间距、每个方向的阵列成员数、各成员的角度范围、特征尺寸和阵列成员的方向等。创建轴阵列的示例如图 6-26 所示。

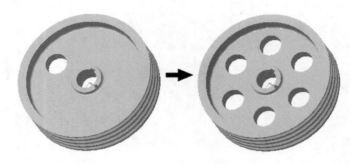

图 6-26　轴阵列的典型示例

下面介绍一个创建轴阵列的典型范例。在范例中涉及"跟随轴旋转"复选框的应用。

（1）在快速访问工具栏中单击"打开"按钮，系统弹出"文件打开"对话框，选择 \DATA\ch6\阵列\axis_array.prt 文件，单击"打开"按钮，打开图 6-27 所示的模型。

（2）从选择过滤器下拉列表框中选择"特征"选项，接着在图形窗口中选择模型中拉伸切口特征，如图 6-28 所示。

图 6-27　原始模型

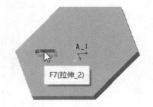

图 6-28　选择阵列的特征

（3）单击"阵列"按钮▥，打开"阵列"操控板。

（4）在"阵列"操控板的"类型"选项下拉列表框中选择"轴"选项，接着在模型中选择基准轴 A_1 作为旋转中心轴。

（5）输入第一方向的阵列成员数为 5。

（6）单击"角度范围"按钮，并在其后的文本框中设置阵列的角度范围为 360。

（7）打开"选项"下滑面板，将"重新生成选项（再生选项）"设置为"常规"，确保选中"跟随轴旋转"复选框，如图 6-29 所示。

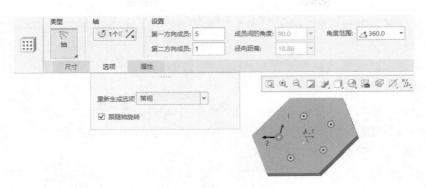

图 6-29　设置轴阵列

（8）在"阵列"操控板中单击"确定"按钮，完成效果如图 6-30 所示。

在本例中，若在"阵列"操控板的"选项"下滑面板中取消选中"跟随轴旋转"复选框，则最后完成的模型效果如图 6-31 所示。

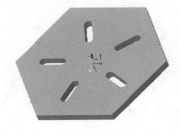

图 6-30　跟随轴旋转的轴阵列特征

图 6-31　取消跟随轴旋转的轴阵列

### 6.3.4　填充阵列

填充阵列是指通过根据选定栅格用实例填充区域来创建的阵列。在创建填充阵列时，用户可以从"栅格阵列"下拉列表框中选择所需的一个模板（如"正方形"⊞、"菱形"❖、"六边形"❈、"圆"❀、"Spiral"❀ 或"曲线"⊞ 等），并指定栅格参数。实际上，填充阵列是通过根据栅格、栅格方向和成员间的间距从原点变换成员位置来创建的，草绘的区域和边界余量将决定创建哪些成员，系统将创建中心位于草绘边界内的任何成员，边界余量不会更改成员的位置。

下面介绍一个创建填充阵列的典型范例。

（1）在快速访问工具栏中单击"打开"按钮，系统弹出"文件打开"对话框，选择 \DATA\ch6\阵列\fill_array.prt 文件，单击"打开"按钮，打开图 6-32 所示的模型。

图 6-32　原始模型

（2）从选择过滤器下拉列表框中选择"特征"选项，接着在图形窗口中选择模型中心的拉伸切口特征。

（3）单击"阵列"按钮▦，打开"阵列"操控板。

（4）在"阵列"操控板的"类型"选项下拉列表框中选择"填充"选项。

（5）单击"阵列"操控板"参考"下滑面板中的"编辑"按钮，系统弹出"草绘"对话框，选择六边形板上表面作为草绘平面，RIGHT 基准平面为参考平面，方向为"右"，然后单击"草绘"按钮，进入草绘模式。

（6）单击"投影"按钮▫，在弹出的"类型"对话框中选择使用边"环"，单击正六边形任意边，如图 6-33 所示，然后单击"确定"按钮，完成草绘并退出草绘模式。

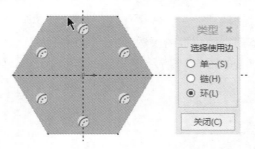

图 6-33　草绘填充区域

（7）从"栅格阵列"下拉列表框中选择"⁙"栅格模板。

（8）在"阵列"操控板中设置间距参数，如图 6-34 所示。

图 6-34　设置间距参数

（9）在"阵列"操控板中单击"确定"按钮，效果如图 6-35 所示。

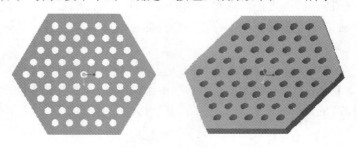

图 6-35　完成填充阵列

# ⚠ 6.4　本章小结

本章主要介绍了一些在零件设计中常用的编辑操作，包括镜像特征、复制和粘贴以及阵列。合理地创建编辑特征，可以给设计带来很大的灵活性和便捷性。例如，利用"镜像""复制""粘贴""移动""阵列"等命令，就无须再按照常规的创建方法和步骤从头创建特征，而是只需对原始特征、几何进行必要的参考修改和相关定义即可，从而大大提高了设计效率。

在复制特征、几何的时候，需要注意"粘贴"按钮 和"选择性粘贴"按钮 在使用上有什么不同，分别适合在什么情况下使用。复制和粘贴、镜像、阵列操作都属于原始特征的重复性操作，只不过这种重复性操作是建立在编辑原始特征的基础上的。

阵列操作在实际设计工作中经常应用到，阵列类型包括尺寸阵列、方向阵列、轴阵列、填充阵列、曲线阵列、点阵列、表阵列和参考阵列，至于在设计中选择哪种阵列类型，就要根据实际情况灵活采用，不能过于死板。

## 6.5　思考与练习题

1．如果要移动复制特征，那么有哪些方法可以进行操作？

2．在 Creo Parametric 8.0 中，可以创建哪些类型的阵列特征？

3．请总结镜像特征的一般方法及步骤，可以举例辅助说明。

4．总结复制和粘贴的两种工作流。

5．在创建阵列特征的过程中，如何排除其中的某些阵列成员？又如何恢复已被排除的阵列成员？

6．如何删除阵列特征？

7．上机操作：模仿本章实战学习实例，自行设计一个模型，要求在该模型上分别应用镜像特征、阵列特征和移动复制特征。

# 第 7 章

# 修饰特征与扭曲特征

在 Creo Parametric 8.0 中，可以将修饰草绘特征、修饰螺纹特征、修饰槽特征等称为修饰特征，通常在零件中使用修饰特征来处理产品零件上的标识符号、商标、功能说明和螺纹示意等等。另外，在产品设计过程中还可以使用一些扭曲工具来改变零件的形状、扭曲零件的曲面。本章重点介绍一些常用的修饰特征和扭曲特征的应用知识。

## 7.1 修饰草绘

修饰草绘特征可以看作在零件的曲面上印制公司徽标、序列号、产品标识等内容，如图 7-1 所示。修饰草绘不能用作尺寸、投影、草绘特征的使用参考，但是通过投影工具 可以投影修饰草绘。

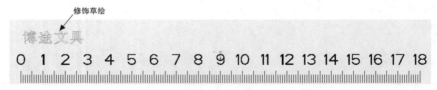

图 7-1　通过修饰草绘创建直尺标识

### 7.1.1 创建规则截面修饰草绘特征

规则截面修饰草绘特征实际上是一个平整特征，用户可以根据需要为规则截面修饰草绘特征设置剖面线，下面通过实例来介绍如何在零件的规则曲面上创建规则截面修饰草绘特征。

（1）在快速访问工具栏中单击"打开"按钮，系统弹出"文件打开"对话框，选择 \DATA\ch7\修饰草绘\ruler.prt 文件，单击"打开"按钮，打开图 7-1 所示的不带修饰草绘的直尺模型。现要求在该直尺的正面创建一个印制公司徽标的规则截面修饰草绘特征。

（2）在功能区"模型"选项卡中单击"工程"组溢出按钮，接着选择"修饰草绘"选项，系统弹出"修饰草绘"对话框。

（3）选择直尺的正面作为草绘平面，设置以 FRONT 基准平面为"左"方向参考。

（4）在"修饰草绘"对话框中切换到"属性"选项卡，选中"添加剖面线"复选框，并分别设置剖面线比例和角度，如图 7-2 所示。

图 7-2　设置修饰草绘的属性选项

（5）在"修饰草绘"对话框中单击"草绘"按钮，进入草绘模式。在"草绘"选项卡的"草绘"组中单击"文本"按钮 A，接着在草绘区域指定两点以定义文本的大致高度和位置，系统弹出"文本"对话框。在"文本"选项组中单击"输入文本"单选按钮，并在其相应的文本框中输入"博途文具"，在"字体"选项组中单击"选择字体"单选按钮，并从其下拉列表框中选择"font 3d"，将长宽比设置为 1，倾斜角默认为 0，如图 7-3 所示。然后在"文本"对话框中单击"确定"按钮。

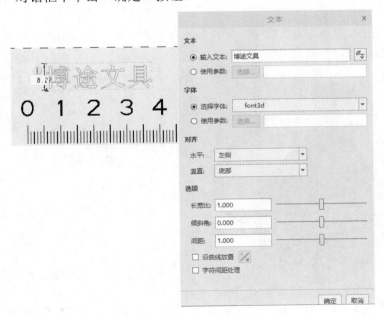

图 7-3　创建文本

（6）修改文本截面的尺寸，修改尺寸后的文本位置和效果如图 7-4 所示。

图 7-4　修改尺寸

（7）在功能区单击"确定"按钮，至此完成图 7-1 所示的规则截面修饰草绘特征的创建。

### 7.1.2　创建投影截面修饰特征

投影截面修饰特征是将修饰草绘投影到单个零件的曲面上，而且投影范围不能跨越零件曲面，投影截面不允许有剖面线，不能对投影截面进行阵列。下面通过实例来介绍如何创建投影截面修饰特征。

（1）在快速访问工具栏中单击"打开"按钮，系统弹出"文件打开"对话框，选择\DATA\ch 7\修饰草绘\ceramic_kettle.prt 文件，单击"打开"按钮，打开图 7-5 所示的陶瓷壶模型。

（2）在功能区"模型"选项卡的"编辑"组中单击"投影"按钮 ≥，打开"投影曲线"操控板。

（3）在"投影曲线"操控板中打开"参考"下滑面板，从其中的一个下拉列表框中选择"投影修饰草绘"选项，如图 7-6 所示。

图 7-5　陶瓷壶模型

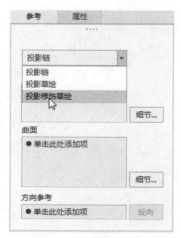

图 7-6　选择"投影修饰草绘"选项

（4）在"参考"面板"草绘"收集器的右侧单击"定义"按钮，系统弹出"草绘"对话框，在图形窗口中选择 TOP 基准平面作为草绘平面，默认草绘方向设置，单击"草绘"对话框中的"草绘"按钮，进入草绘模式，此时功能区打开"草绘"操控板。

（5）绘制图 7-7 所示的文本，字体选择"font 3d"，单击"确定"按钮，系统关闭"草绘"操控板，返回到"投影曲线"操控板。

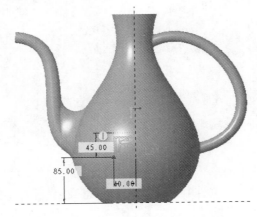

图 7-7　绘制文本

（6）在"投影曲线"操控板中单击"曲面"收集器的框，将其激活，按住 Ctrl 键单击壶身曲面作为要投影到的目标曲面。

（7）在"投影曲线"操控板的"投影方向"下拉列表框中选择"沿方向"选项，选择 TOP 基准平面作为方向参考。

（8）在"投影曲线"操控板中单击"确定"按钮，完成投影截面修饰草绘特征的创建，如图 7-8 所示。

图 7-8　完成投影截面修饰草绘特征

## 7.2　修饰螺纹

修饰螺纹特征是表示螺纹直径的修饰特征，它既可以表示外螺纹，也可以表示内螺纹。可以用圆柱、圆锥、样条和非法向平面作为参考创建修饰螺纹。下面通过一个简单模型来介绍修饰螺纹特征的创建方法。

（1）在快速访问工具栏中单击"打开"按钮，系统弹出"文件打开"对话框，选择 \DATA\ch7\修饰螺纹\thread.prt 文件，单击"打开"按钮，打开图 7-9 所示的模型。

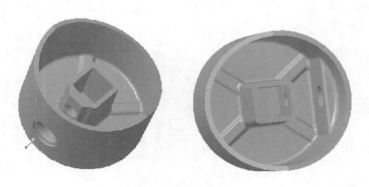

图 7-9　原始模型

（2）在功能区"模型"选项卡中单击"工程"组溢出按钮，接着从打开的下拉列表中选择"修饰螺纹"选项，则在功能区中打开"螺纹"操控板。

（3）在"螺纹"操控板"类型"框中单击"标准螺纹"按钮，以使用标准系列和直径，并可显示标准螺纹选项。

（4）在"螺纹"操控板中打开"放置"下滑面板，此时"螺纹曲面"收集器处于激活状态，然后选择模型外圆柱面上的内圆柱曲面作为螺纹曲面，如图 7-10 所示。

（5）在"孔/螺纹"选项组下"螺纹"框中选择一个螺纹系列，在这里默认选择 ISO，在"螺纹尺寸"下拉列表中选择"M8×1.25"选项，如图 7-11 所示。

图 7-10　选择螺纹曲面

图 7-11　选择螺纹尺寸

（6）设置螺纹的起点。在"螺纹"操控板中单击"深度"框中的"螺纹起始自"收集器，然后选择该圆柱孔的倒角面，如图 7-12 所示。

（7）设置螺纹深度。在"螺纹"操控板的"深度"框中"深度选项"下拉列表框中选择"到参考"选项，在图形窗口中选择图 7-13 所示的实体面作为螺纹终止参考对象。

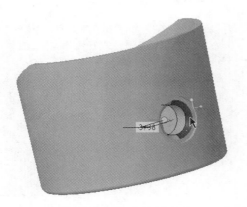

图 7-12 选择螺纹起始面

图 7-13 确定螺纹深度

（8）在"螺纹"操控板中单击"确定"按钮，完成修饰螺纹特征的创建。

## 7.3 修饰槽

修饰槽是一种投影的修饰特征，通过创建草绘将其投影到曲面上，但槽特征不能跨越曲面边界。在零件加工过程中刀具沿着槽路径走刀。与修饰草绘不同，修饰槽特征可以被阵列化。下面通过一个简单实例介绍创建槽特征的方法和步骤。

（1）在快速访问工具栏中单击"打开"按钮，系统弹出"文件打开"对话框，选择\DATA\ch7\修饰槽\slot.prt 文件，单击"打开"按钮，打开图 7-14 所示的模型。

（2）在功能区"模型"选项卡中单击"工程"组溢出按钮，接着从打开的下拉列表中选择"修饰槽"选项，系统弹出"特征参考"菜单，如图 7-15 所示。

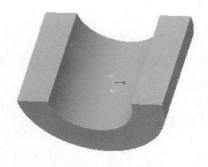

图 7-14 原始模型

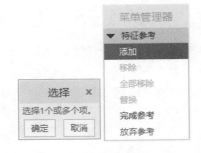

图 7-15 "特征参考"菜单

（3）选择要在其上投影特征的曲面。选择如图 7-16 所示的曲面作为要在其上投影特征的曲面，接着在"选择"对话框中单击"确定"按钮，并在"特征参考"菜单中选择"完成参考"选项。

（4）设置草绘平面和参考。选择 TOP 基准平面作为草绘平面，然后在"方向"菜单中选择"确定"选项。菜单管理器出现"草绘视图"菜单，选择"默认"选项。

（5）绘制如图 7-17 所示的草绘截面。

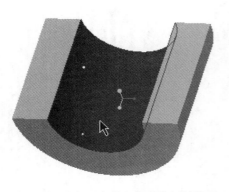

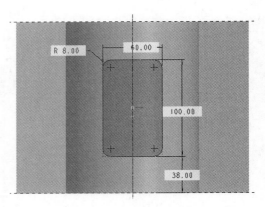

图 7-16　选择要在其上投影特征的曲面　　　　　　　图 7-17　草绘截面

（6）单击"确定"按钮，槽特征被投影到选定曲面上，但没有深度，如图 7-18 所示。

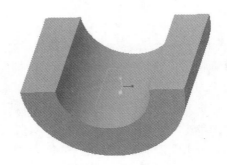

图 7-18　修饰槽特征

## 7.4　环形折弯

　　使用功能区"模型"选项卡的"工程"组中的"环形折弯"命令，可将平整的实体、非实体曲面或基准曲线转换成环形（旋转）形状，如创建汽车轮胎。下面通过一个简单实例介绍利用"环形折弯"命令创建轮胎的方法和步骤。

　　（1）在快速访问工具栏中单击"打开"按钮，系统弹出"文件打开"对话框，选择\DATA\ch 7\环形折弯\tire.prt 文件，单击"打开"按钮，打开图 7-19 所示的模型。

图 7-19　平整的原始模型

　　（2）在功能区"模型"选项卡中单击"工程"组溢出按钮，接着在打开的下拉列表中选择"环形折弯"选项，打开"环形折弯"操控板。

　　（3）在"环形折弯"操控板中打开"参考"下滑面板，选中"面组和/或实体主体"

复选框，然后选择原始模型。

（4）在"参考"下滑面板中单击位于"轮廓截面"收集器右侧的"定义"按钮，系统弹出"草绘"对话框。选择图 7-20 所示的实体侧面作为草绘平面，选择系统默认的草绘方向，单击"草绘"按钮，进入草绘模式。

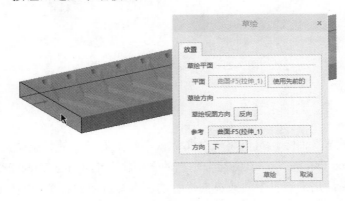

图 7-20　定义草绘平面及草绘方向

（5）在"草绘"选项卡的"基准"组中单击"坐标系"按钮，在该截面中创建一个几何坐标系，绘制如图 7-21 所示的折弯截面，单击"确定"按钮，退出草绘模式。

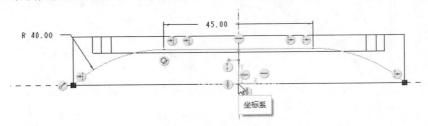

图 7-21　绘制折弯截面

（6）在"环形折弯"操控板中的"设置"框中选择"360 折弯"选项，然后分别选择要定义折弯长度的两个平行平面，如图 7-22 所示。

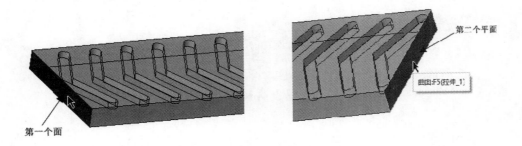

图 7-22　选择要定义折弯长度的两个平面

（7）在"环形折弯"操控板中单击"确定"按钮，从而完成环形折弯操作，得到的模型效果如图 7-23 所示。

图 7-23　环形折弯后的模型效果

## 7.5　骨架折弯

　　使用"骨架折弯"命令，可以将一个实体或面组沿着指定的骨架轨迹线进行折弯。进行折弯操作时，Creo Parametric 8.0 将与轴垂直的平面横截面重定位为与未变形的轨迹垂直，所有的压缩或变形都是沿着骨架轨迹纵向进行的。骨架折弯的典型示例如图 7-24 所示，其骨架轨迹线为 C1 连续。

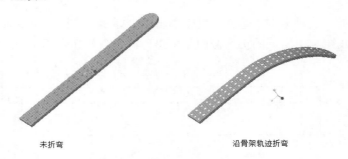

未折弯　　　　　　　　　　　　沿骨架轨迹折弯

图 7-24　骨架折弯示例

　　在功能区"模型"选项卡中单击"工程"组溢出按钮，接着从打开的命令列表中选择"骨架折弯"选项🖋，系统在功能区打开"骨架折弯"操控板，如图 7-25 所示。

图 7-25　"骨架折弯"操控板

在"骨架折弯"操控板中，"折弯几何"收集器用于选择要折弯的几何，如实体或者面组。在骨架折弯创建后，原始几何将不可见，但仍然可以在模型树中选择它。位于"参考"下滑面板中的"骨架"收集器用于选择定义骨架的参考对象（如曲线）。

骨架折弯特征的折弯区域的定义有以下 3 种类型。

- ❑ 折弯全部 ⫴：在轴方向上，从骨架线起点折弯整个选定几何。
- ❑ 按值折弯 ⫶：在轴方向上，将几何从骨架起点折弯至指定深度，需要输入或选择从起点算起的深度值。
- ❑ 折弯到参考 ⫶：从骨架线起点折弯至选定参考。

要使折弯区域在折弯后保持其原始长度，则要在"骨架折弯"操控板中单击"保留长度"按钮。下面通过一个简单实例介绍骨架折弯的方法及操作步骤。

（1）在快速访问工具栏中单击"打开"按钮，系统弹出"文件打开"对话框，选择\DATA\ch7\骨架折弯\watch_strap.prt 文件，单击"打开"按钮，打开图 7-26 所示的模型。

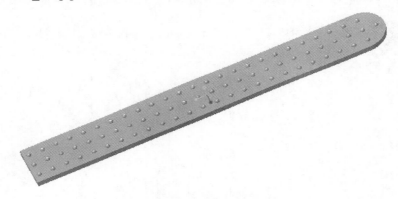

图 7-26　原始模型

（2）在功能区"模型"选项卡中单击"工程"组溢出按钮，接着从打开的命令列表中选择"骨架折弯"选项 ⌀，系统在功能区打开"骨架折弯"操控板。

（3）在"骨架折弯"操控板的"折弯几何"收集器中单击，以将其激活，接着在实体模型的任意处单击以选取要折弯的实体。

（4）单击"骨架折弯"操控板中的"暂停"按钮 ❙❙，切换到"模型"选项卡，单击"基准"组中的"草绘"按钮 ◥，弹出"草绘"对话框，选择 RIGHT 基准平面作为草绘平面，以 TOP 基准平面作为"左"方向参考，单击"草绘"按钮。

（5）草绘将用作骨架轨迹线的曲线链，如图 7-27 所示，单击"确定"按钮。

（6）切换到"骨架折弯"操控板，单击 ▶ 退出暂停模式。在"参考"下滑面板中单击"骨架"收集器，选择草绘的骨架轨迹线，如图 7-28 所示。

（7）单击图 7-28 中所示的起点箭头，将起点位置切换至骨架轨迹线的另一端。然后单击"骨架折弯"操控板中"保留长度"按钮，折弯区域类型选择"折弯全部"选项 ⫴。

（8）单击"确定"按钮，完成骨架折弯操作后的模型效果如图 7-29 所示。

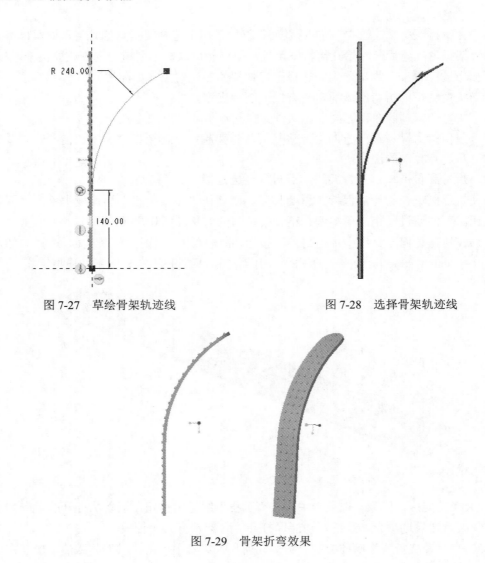

图 7-27　草绘骨架轨迹线　　　　　图 7-28　选择骨架轨迹线

图 7-29　骨架折弯效果

## 7.6　本章小结

　　修饰特征和扭曲特征是 Creo Parametric 8.0 特征集的有机组成部分，修饰特征主要包括修饰草绘特征、修饰螺纹特征和修饰槽特征等，而扭曲特征则主要包括环形折弯特征、骨架折弯特征，其中还有一些扭曲特征如局部推拉特征、半径圆顶特征、截面圆顶特征、耳特征、唇特征等（这些扭曲特征的命令在初始默认时并不在功能区中，需要用户经过设置相关选项和配置才能将它们添加到功能区的自定义组中）。

## 7.7　思考与练习题

　　1．修饰草绘特征主要有哪两种？它们的创建步骤又是怎样的？

2．什么是修饰螺纹特征？设计一个简单实例，要求务必在该实例中创建至少一个修饰螺纹特征。

3．环形折弯和骨架折弯有什么不同？

4．上机操作：打开\DATA\ch7\creo8_7_ex1.prt 练习文件，原始模型如图 7-30 所示。创建汽车轮胎的模型，折弯轮廓截面和轮胎模型效果如图 7-31 所示。

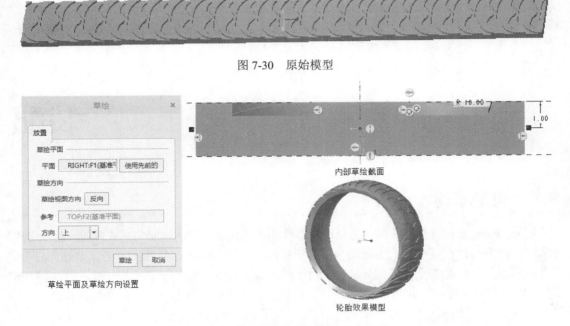

图 7-30　原始模型

草绘平面及草绘方向设置

内部草绘截面

轮胎效果模型

图 7-31　内部草绘截面及轮胎效果模型

5．上机操作：打开\DATA\ch7\creo8_7_ex2.prt 练习文件，在其曲面上创建一个修饰草绘特征以表示在足球的一块曲面上印制的文字"FIFA"，效果如图 7-32 所示。

图 7-32　修饰草绘特征效果

# 第 8 章

# 装配

## 8.1 装配概述

Creo Parametric 8.0 的装配功能允许将零件和子装配以一定的装配关系放置在一起以形成装配体，用户可以在装配模式下添加和创建零部件，也可以阵列元件、镜像装配、替换元件等。在装配模式下，产品的全部或部分结构一目了然，有助于用户检查各零件之间的关系和干涉问题，从而更好地把握产品细节结构，进行优化设计。下面介绍新建一个装配文件的步骤。

（1）在快速访问工具栏中单击"新建"按钮，弹出"新建"对话框。

（2）在"类型"选项组中单击"装配"单选按钮，在"子类型"选项组中单击"设计"单选按钮，在"文件名"文本框中输入新的组件名称或接受默认的组件名称，取消选中"使用默认模板"复选框，如图 8-1 所示。然后单击"确定"按钮，弹出"新文件选项"对话框。

（3）在"模板"选项组中选择公制模板"mmns_asm_design_abs"，如图 8-2 所示。然后单击"确定"按钮，进入装配环境的工作界面，其功能区如图 8-3 所示。

图 8-1　"新建"对话框

图 8-2　"新文件选项"对话框

图 8-3　装配环境下的功能区

（4）单击"模型"选项卡"元件"组中的"组装"按钮🔲，弹出"打开"对话框。选择要装入的元件，用户可以通过单击右下角的"预览"按钮打开预览区，预览即将调入装配环境的模型。在预览区中用户可以通过鼠标中键旋转或拖曳模型，如图 8-4 所示。

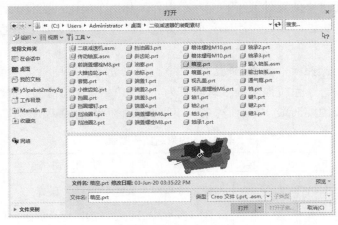

图 8-4　打开预览区

（5）单击"打开"按钮，将选中的模型加载到装配环境中，图形区出现调入的元件，并弹出如图 8-5 所示的"元件放置"操控板。

图 8-5　"元件放置"操控板

一个模型在空间中存在 6 个自由度，分别是沿 $X$、$Y$、$Z$ 3 个方向的平移和绕 $X$、$Y$、$Z$ 3 个方向的旋转。因此，在模型被调入图形区后会出现如图 8-6 所示的 3D 拖动器控件。其中，3 个环分别控制模型在 3 个方向上的旋转，3 个箭头分别控制模型在 3 个方向上的平移。

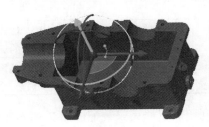

图 8-6　拖动器控件

（6）在"元件放置"操控板的"放置"下滑面板中添加约束，直到完全约束或约束满足用户需求，单击"确定"按钮，完成本次零件的装配。

## 8.2　放置约束

模型的装配实质上就是对模型的 6 个自由度进行约束控制的过程。在 Creo Parametric 8.0 中，可以采用两种参数化的装配方法来装配零部件，即使用放置约束和连接装配。

当要装配进来的零件或子组件作为固定件时，可采用放置约束的方法使其在装配中完全约束；当要装配进来的零件或子装配（子组件）相对于装配（组件）作为活动件时，一般采用连接装配的方法。不管采用哪种装配方法，都是在"元件放置"操控板中进行选择和设置。

"元件放置"操控板中的"当前约束"下拉列表框提供适用于选定集的放置约束，当选择用户定义的集时，系统提供的默认约束为"自动"，允许用户手动从"当前约束"下拉列表框中更改约束选项。"当前约束"下拉列表框提供的约束图标选项如表 8-1 所示。

表 8-1　约束选项一览表

| 序号 | 图标 | 名称 | 功能用途 |
|---|---|---|---|
| 1 | | 自动 | 元件参考相对于装配参考自动放置 |
| 2 | | 距离 | 元件参考与装配参考以指定距离放置，该约束可以是点、线和面三种参考之间两两的相互关系 |
| 3 | | 角度偏移 | 元件参考与装配参考成一定角度，即元件参考与装配参考以指定角度放置，适用的参考对象为线和面 |
| 4 | | 平行 | 元件参考定向至装配参考，即元件参考平行于装配参考，适用的参考对象为线和面 |
| 5 | | 重合 | 元件参考与装配参考重合，既可选定两组面重合，又可选定两组轴线重合 |
| 6 | | 法向 | 元件参考与装配参考垂直 |
| 7 | | 共面 | 元件参考与装配参考共面 |
| 8 | | 居中 | 元件参考与装配参考同心 |
| 9 | | 相切 | 元件参考与装配参考相切 |
| 10 | | 固定 | 将元件固定到当前位置，该约束完全限制了模型的 6 个自由度，因此，被固定约束的元件处于完全约束状态 |
| 11 | | 默认 | 将元件上的默认坐标系与装配环境中的默认坐标系对齐，一般在装配环境中装入第一个元件时使用该约束 |

下面通过一个实例介绍利用放置约束来装配图 8-7 所示轴承座的过程和方法，零件建模方式和部分细节特征不在此处详细介绍。

图 8-7　轴承座组件

### 1．新建文件

单击快速访问工具栏中的"新建"按钮，弹出"新建"对话框。在"类型"选项组中单击"装配"单选按钮，在"子类型"选项组中单击"设计"单选按钮，在"文件名"文本框中输入文件名称"轴承座"，取消选中"使用默认模板"复选框。单击"确定"按钮打开"新文件选项"对话框，选择模板为"mmns_asm_design_abs"，单击"确定"按钮，进入装配环境。

### 2．装配轴承底座

单击"模型"选项卡"元件"组中的"组装"按钮，弹出"打开"对话框，选择\DATA\ch8\轴承底座\轴承底座.prt 文件，单击"打开"按钮或直接双击该文件，调入装配环境中。界面顶部弹出"元件放置"操控板，在操控板"放置"下滑面板中单击"约束类型"下拉列表框，选择"默认"选项。单击操控板中的"确定"按钮，完成轴承底座的装配，效果如图 8-8 所示。

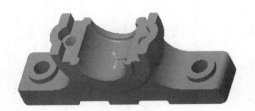

图 8-8　装配轴承底座

### 3．装配下轴瓦

（1）单击"模型"选项卡"元件"组中的"组装"按钮，调入"下轴瓦.prt"文件。单击"元件放置"操控板上的"单独窗口"按钮，弹出一个单独控制调入模型的显示窗口，通过此窗口可以方便地确定零件的细节。

（2）添加约束关系 1。依次选中如图 8-9 所示下轴瓦的内侧端面和轴承座端面，在"放置"下滑面板中将"约束类型"改为"重合"。

（3）添加约束关系 2。单击"放置"下滑面板中的"新建约束"按钮，依次选中如图 8-10 所示的下轴瓦平面和轴承座平面，在"放置"下滑面板中将"约束类型"改为"重合"。

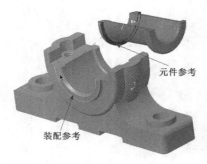

图 8-9 约束 1 参考

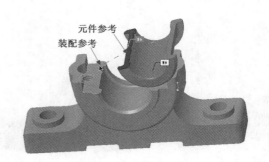

图 8-10 约束 2 参考

（4）添加约束关系 3。单击"放置"下滑面板中的"新建约束"按钮，依次选中如图 8-11 所示下轴瓦的中心轴和轴承座的中心轴，在"放置"下滑面板中将"约束类型"改为"重合"。

（5）单击"元件放置"操控板中的"确定"按钮，完成下轴瓦的装配，效果如图 8-12 所示。

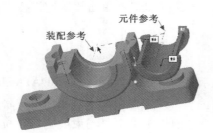

图 8-11 约束 3 参考

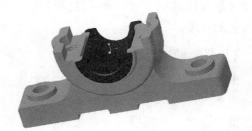

图 8-12 下轴瓦装配效果

### 4．装配上轴瓦

（1）调入模型。单击"模型"选项卡"元件"组中的"组装"按钮，调入"上轴瓦.prt"文件。

（2）添加约束关系 1。依次选中如图 8-13 所示上轴瓦的外侧端面和下轴瓦外侧端面，在"放置"下滑面板中将"约束类型"改为"重合"。

（3）添加约束关系 2。单击"放置"下滑面板中的"新建约束"按钮，依次选中如图 8-14 所示上轴瓦和下轴瓦对应的一对配合平面，在"放置"下滑面板中将"约束类型"改为"重合"，然后单击"反向"按钮以调整装配方向。

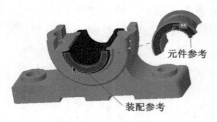

图 8-13 约束 1 参考

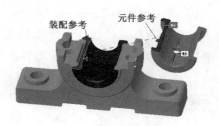

图 8-14 约束 2 参考

（4）添加约束关系 3。单击"放置"下滑面板中的"新建约束"按钮，依次选中如图 8-15 所示下轴瓦和上轴瓦的中心轴，在"放置"下滑面板中将"约束类型"改为"重合"。

（5）单击"元件放置"操控板中的"确定"按钮，完成上轴瓦的装配，效果如图 8-16 所示。

图 8-15    约束 3 参考　　　　　　　　　　　图 8-16    上轴瓦装配效果

### 5．装配轴承盖

（1）调入模型。单击"模型"选项卡"元件"组中的"组装"按钮，调入"轴承盖.prt"文件。

（2）添加约束关系 1。依次选中如图 8-17 所示轴承盖和轴承底座的一对配合平面，在"放置"下滑面板中将"约束类型"改为"重合"。

（3）添加约束关系 2。单击"放置"下滑面板中的"新建约束"按钮，依次选中如图 8-18 所示轴承盖和轴承底座对应的一对中心轴，在"放置"下滑面板中将"约束类型"改为"重合"。

 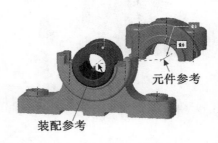

图 8-17    约束 1 参考　　　　　　　　　　　图 8-18    约束 2 参考

（4）添加约束关系 3。单击"放置"下滑面板中的"新建约束"按钮，依次选中如图 8-19 所示轴承盖和轴承底座的安装孔中心轴，在"放置"下滑面板中将"约束类型"改为"重合"。

（5）单击"元件放置"操控板中的"确定"按钮，完成轴承盖的装配，效果如图 8-20 所示。

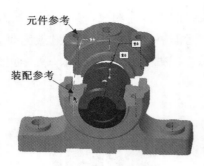

图 8-19　约束 3 参考　　　　　　　　图 8-20　轴承盖装配效果

**6．装配漏油塞**

（1）调入模型。单击"模型"选项卡"元件"组中的"组装"按钮，调入"漏油塞.prt"文件。

（2）添加约束关系 1。单击"放置"下滑面板中的"新建约束"按钮，依次选中如图 8-21 所示漏油塞和轴承盖对应的一对安装配合面，在"放置"下滑面板中将"约束类型"改为"重合"。

（3）添加约束关系 2。单击"放置"下滑面板中的"新建约束"按钮，依次选中如图 8-22 所示漏油塞和轴承盖相配合的一对中心轴，在"放置"下滑面板中将"约束类型"改为"重合"。

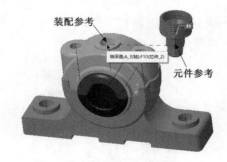

图 8-21　约束 1 参考　　　　　　　　图 8-22　约束 2 参考

（4）单击"元件放置"操控板中的"确定"按钮，完成漏油塞的装配，效果如图 8-23 所示。

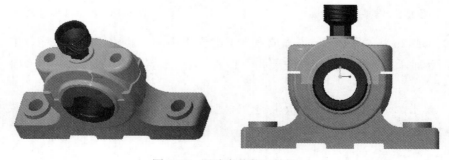

图 8-23　漏油塞的装配效果

**7．装配盖体**

（1）调入模型。单击"模型"选项卡"元件"组中的"组装"按钮，调入"盖体.prt"文件。

（2）添加约束。依次选中图 8-24 和图 8-25 中指定的参考（一对端面和一对中心轴）作为匹配对象进行两个约束。"约束类型"均为"重合"，如果方向不对，可通过单击"放置"下滑面板中的"反向"按钮调整。

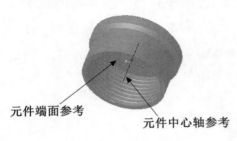

图 8-24　盖体约束参考　　　　　　　图 8-25　装配约束参考

（3）单击"元件放置"操控板中的"确定"按钮，完成盖体的装配，效果如图 8-26 所示。

图 8-26　盖体的装配效果

**8．装配双头螺栓**

（1）调入模型。单击"模型"选项卡"元件"组中的"组装"按钮，调入"双头螺栓.prt"文件。

（2）添加约束。选中模型树中的轴承盖，在弹出的图形工具栏中单击"隐藏"按钮，将轴承盖隐藏。选用图 8-27 所示的元件参考和图 8-28 所示的装配参考作为匹配对象：双头螺栓上为基准平面和中心轴，已装配模型上为轴承底座上平面和中心轴，进行两个约束。"约束类型"均为"重合"，如果方向不对，可通过单击"放置"下滑面板中的"反向"按钮调整。

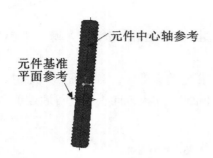

图 8-27  元件约束参考

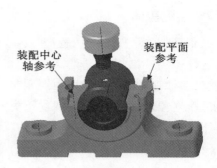

图 8-28  装配约束参考

（3）单击"元件放置"操控板中的"确定"按钮，完成双头螺栓的装配。按上述方式装配另一端的双头螺栓，取消轴承盖的隐藏后的模型如图 8-29 所示。

图 8-29  双头螺栓装配效果

### 9．装配螺母

（1）调入模型。单击"模型"选项卡"元件"组中的"组装"按钮 ，调入"螺母.prt"文件。

（2）添加约束。选用图 8-30 和图 8-31 中指定的参考作为匹配对象：螺母上为底部端面和中心轴，已装配模型上为轴承盖上部平面和中心轴，进行两个约束。"约束类型"均为"重合"，如果方向不对，可通过单击"放置"下滑面板中的"反向"按钮调整。

图 8-30  元件约束参考

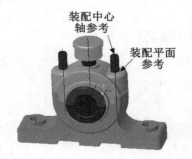

图 8-31  装配约束参考

（3）单击"元件放置"操控板中的"确定"按钮，完成螺母装配，效果如图 8-32 所示。按上述方法装配另外 3 个螺母，轴承座装配完成效果如图 8-33 所示。

图 8-32　螺母装配效果

图 8-33　轴承座装配完成效果

## 8.3　连接装配

连接装配主要应考虑机构运动的要素，它是使用预定义约束集来定义元件在组件中的运动。在 Creo Parametric 8.0 中，连接装配是对产品结构进行运动仿真和动力学分析的前提。本书对连接装配只做一般性的介绍。

连接装配的定义和放置约束的定义非常相似，即在功能区"元件放置"操控板中，从"连接类型"下拉列表框中选择所需要的连接类型选项，如图 8-34 所示。

图 8-34　"连接类型"下拉列表框

元件的主要连接方式及其自由度如表 8-2 所示。

表 8-2　元件的主要连接方式及其自由度

| 连接类型 | 平移自由度 | 旋转自由度 | 说明 |
|---|---|---|---|
| 刚性 | 0 | 0 | 连接定义：使用约束方式放置元件<br>作用：将两个主体定义为刚体，无相对运动 |
| 销 | 0 | 1 | 连接定义：轴对齐；平面与平面配对/偏距，限制沿轴向平移<br>作用：使主体绕轴转动，限制沿轴向平移 |

| 连接类型 | 平移自由度 | 旋转自由度 | 说明 |
|---|---|---|---|
| 滑块 | 1 | 0 | 连接定义：轴对齐；平面与平面配对/偏距，限制绕轴转动<br>作用：使主体沿轴向平移，限制绕轴转动 |
| 圆柱 | 1 | 1 | 连接定义：轴对齐<br>作用：使主体能够绕轴转动，沿轴向平移 |
| 平面 | 2 | 1 | 连接定义：平面与平面对齐/匹配<br>作用：使主体在平面内运动，绕垂直于该平面的轴转动 |
| 球 | 0 | 3 | 连接定义：点与点对齐<br>作用：可在任何方向旋转 |
| 焊缝 | 0 | 0 | 连接定义：坐标系对齐<br>作用：将两个主体焊接在一起，两个主体之间无相对运动 |
| 轴承 | 1 | 3 | 连接定义：直线上的点<br>作用：球连接与滑块连接点的混合 |
| 6DOF | 3 | 3 | 连接定义：坐标系对齐<br>作用：建立 3 根平移运动轴和 3 根旋转运动轴，使主体可以在任意方向上平移和转动 |

下面以曲柄连杆机构的装配为例来介绍连接装配的一般方法和步骤。

**1．新建文件**

参照 8.2 节新建装配文件，其中输入文件名称"曲柄连杆"。

**2．创建基准轴**

单击功能区"模型"选项卡"基准"组中的"轴"按钮 ，以基准平面 TOP 面和 FRONT 面为"参考"创建基准轴 AA_1。

**3．装配曲轴**

（1）调入模型。单击功能区"模型"选项卡"元件"组中的"组装"按钮 ，弹出"打开"对话框，选择\DATA\ch8\曲柄连杆机构\曲轴.prt 文件，单击"打开"按钮或直接双击该文件，调入装配环境中。

（2）创建连接。单击操控板中的"连接类型"下拉列表框，选择连接类型为"销"连接 。在"放置"下滑面板中，单击"轴对齐"下方选框，分别选取如图 8-35 所示的曲轴中部圆柱的轴线和基准轴 AA_1，设置"约束类型"为"重合"；单击"平移"下方选框，分别选取如图 8-36 所示的曲轴中间基准平面 DTM2 和装配组件基准平面 ASM_RIGHT 面为参考平面，设置"约束类型"为"重合"，可通过"反向"按钮调整方向。

（3）单击操控板中的"确定"按钮，完成曲轴的装配。

图 8-35 曲轴参考轴线

图 8-36 曲轴参考平面

### 4．装配连杆

（1）调入模型。单击功能区"模型"选项卡"元件"组中的"组装"按钮，在弹出的"打开"对话框中选择模型"连杆.prt"。

（2）创建连接。单击操控板中的"连接类型"下拉列表框，选择连接类型为"销"连接。在"放置"下滑面板中，单击"轴对齐"下方选框，选取如图 8-37 所示的连杆大端圆孔的轴线，再选取图 8-38 所示的曲轴参考轴线，设置"约束类型"为"重合"；单击"平移"下方选框，分别选取图 8-39 所示的连杆中间基准平面 RIGHT 和图 8-36 所示的曲轴中间基准平面 DTM2 为参考平面，设置"约束类型"为"重合"，可通过"反向"按钮调整方向。

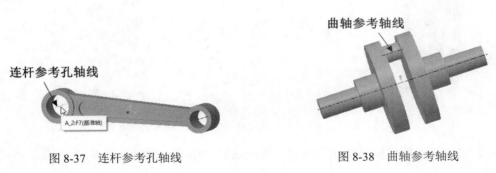

图 8-37 连杆参考孔轴线      图 8-38 曲轴参考轴线

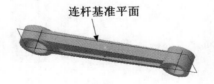

图 8-39 连杆参考平面

（3）单击操控板中的"确定"按钮，完成连杆的组装。

### 5．装配活塞销

（1）调入模型。单击功能区"模型"选项卡"元件"组中的"组装"按钮，在弹出的"打开"对话框中选择模型"活塞销.prt"。

（2）创建连接。单击操控板中的"连接类型"下拉列表框，选择连接类型为"销"连

接 ✎。在"放置"下滑面板中，单击"轴对齐"下方选框，分别选取活塞销轴线和连杆小端圆孔的轴线，设置"约束类型"为"重合"；单击"平移"下方选框，分别选取如图 8-40 所示的活塞销中间基准平面 RIGHT 和图 8-39 所示的连杆中间基准平面为参考平面，设置"约束类型"为"重合"，可通过"反向"按钮调整方向。

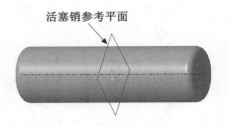

图 8-40　活塞销参考平面

（3）单击操控板中的"确定"按钮，完成活塞销的组装。

### 6．装配活塞

（1）调入模型。单击功能区"模型"选项卡"元件"组中的"组装"按钮 ，在弹出的"打开"对话框中选择模型"活塞.prt"。

（2）添加约束。在"放置"下滑面板中，依次选中图 8-41 和图 8-42 中指定的参考（一对基准平面和一对中心轴）作为匹配对象，进行两个约束。"约束类型"均为"重合"，如果方向不对，可通过单击"放置"下滑面板中的"反向"按钮调整。

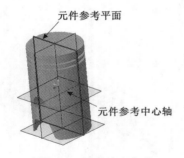

图 8-41　元件约束参考

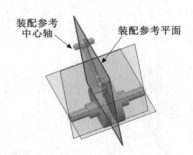

图 8-42　装配约束参考

（3）单击操控板中的"确定"按钮，完成活塞的组装，效果如图 8-43 所示。

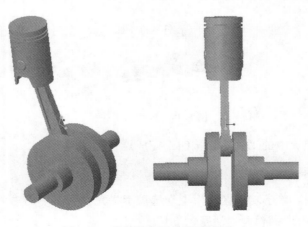

图 8-43　曲柄连杆机构装配效果

## 8.4　镜像元件

在 Creo Parametric 8.0 装配模块中，可以创建装配内零件的从属副本和独立副本，这些副本是关于一个平面参考镜像的，采用镜像零件的方式时可以不必创建重复的实例，因此可以大大减少装配设计时间而大幅提高设计效率。

下面以实例的形式介绍如何在装配内创建零件的镜像副本。

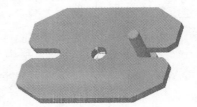

图 8-44　原始装配模型

（1）在快速访问工具栏中单击"打开"按钮，系统弹出"文件打开"对话框，选择\DATA\ch8\镜像元件\镜像元件.asm 文件，单击"打开"按钮，打开图 8-44 所示的模型。

（2）在功能区"模型"选项卡的"元件"组中单击"镜像元件"按钮，系统弹出"镜像元件"对话框，如图 8-45 所示。

（3）单击"镜像元件"对话框中的"元件"选框，在图形区选择"拨销.prt"，然后选择基准平面 ASM_RIGHT 作为镜像平面。

（4）在"新建元件"选项组中选择"创建新模型"单选按钮，在"文件名"文本框中输入"拨销_2"。

（5）在"镜像"选项组中选择"仅几何"单选按钮或"具有特征的几何"单选按钮。前者用于创建原始零件几何的镜像副本，后者用于创建原始零件的几何和特征的镜像副本，这里我们默认选择"仅几何"单选按钮。

（6）在"相关性控制"选项组中默认"几何从属"复选框和"放置从属"复选框处于选中状态，保持默认状态不变。

（7）单击"确定"按钮，"拨销.prt"作为镜像元件放置在装配中，如图 8-46 所示。

图 8-45　"镜像元件"对话框

图 8-46　元件镜像效果

## 8.5 阵列元件

在装配模式下，使用阵列工具来装配具有某种规律排布的多个相同零件，可以不必创建重复的实例，从而大大减少装配设计时间，提高设计效率。

下面以实例介绍如何在装配中应用阵列工具来阵列零件。

（1）在快速访问工具栏中单击"打开"按钮，系统弹出"文件打开"对话框，选择\DATA\ch8\阵列元件\阵列元件.asm 文件，单击"打开"按钮，打开图 8-47 所示的装配模型。

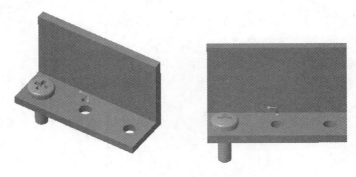

图 8-47    原始装配模型

（2）从选择过滤器列表框中选择"零件"选项，接着在图形窗口中选择已经装配好的螺钉。

（3）在功能区"模型"选项卡的"修饰符"组中单击"阵列"按钮，打开"阵列"操控板。

（4）在"阵列"操控板的"类型"下拉列表框中选择"方向"选项，并默认选中"第一方向"框中的"平移"选项。选择图 8-48 所示的边作为方向 1 参照，设置方向 1 的成员数为 3，输入方向 1 的相邻阵列成员间的间距为 60。

图 8-48    设置方向 1 参考及参数

（5）在"阵列"操控板中单击"确定"按钮，完成所有螺钉的阵列操作，得到的阵列装配效果如图 8-49 所示。

图 8-49 阵列装配效果

# 8.6 重复放置元件

在装配模式下，使用"重复"功能可一次装配多个相同的零部件，可以不必创建重复的实例，从而大大减少装配设计时间，提高设计效率。

下面介绍一个重复放置元件的操作案例。

（1）在快速访问工具栏中单击"打开"按钮，系统弹出"文件打开"对话框，选择\DATA\ch8\重复放置元件\重复放置元件.asm 文件，单击"打开"按钮，打开图 8-50 所示的装配模型。

（2）从选择过滤器列表框中选择"零件"选项，接着在图形窗口中选择已经装配好的螺钉。

（3）在功能区"模型"选项卡的"元件"组中单击"重复"按钮 ↺，打开"重复元件"对话框。

（4）在"重复元件"对话框的"可变装配参考"选项组的列表中选择要改变的装配参考。这里选择第 2 个"重合"所在的参考行，如图 8-51 所示。

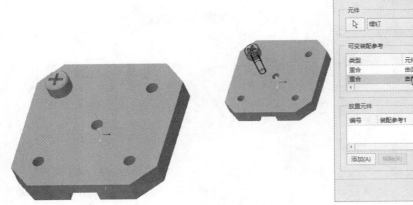

图 8-50 原始装配模型

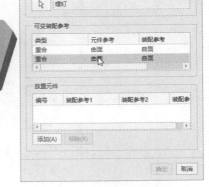

图 8-51 选择要改变的装配参考

（5）在"重复元件"对话框的"放置元件"选项组中单击"添加"按钮，选择新的装配参考，所选新装配参考将出现在"放置元件"列表中。按住 Ctrl 键，选择压板上其余 4 个安装孔的内圆柱面。

（6）在"重复元件"对话框中单击"确定"按钮，完成重复放置螺钉，效果如图 8-52 所示。

图 8-52　完成重复放置螺钉

## 8.7　管理装配视图

本节主要介绍与装配视图相关的两个方面的内容，即创建分解视图和装配剖面视图。

### 8.7.1　创建分解视图

"分解视图"是指将模型组件中的每个元件与其他元件分开表示。创建好的分解视图，可以帮助工程技术人员直观和快捷地了解产品内部结构和各零部件之间的关系。

在功能区"视图"选项卡"模型显示"组中单击"分解视图"按钮，则 Creo Parametric 8.0 以默认方式创建分解视图。默认的分解视图根据元件在组件中的放置约束显示分离开的每个元件，如图 8-53 所示。如果要将视图返回到其以前未分解的状态，则再次单击"分解图"按钮以取消其选中状态即可。

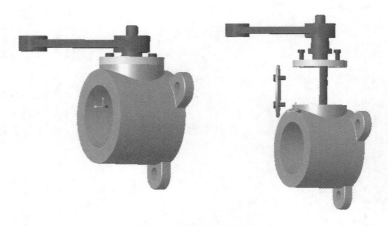

图 8-53　默认分解视图

当默认的分解视图还是不能满足设计者的要求时，可以在功能区"视图"选项卡"模型显示"组中单击"编辑位置"按钮，打开图 8-54 所示的"分解工具"操控板，使用该操控板来为指定元件定义位置。

图 8-54 "分解工具"操控板

另外，使用视图管理器同样可以创建分解视图和修改分解视图，并可保存在组件中设置的一个或多个分解视图，以便以后调用命名的分解视图。

下面结合实例介绍使用视图管理器创建和保存分解视图的方法和步骤。

（1）在快速访问工具栏中单击"打开"按钮，系统弹出"文件打开"对话框，选择 \DATA\ch8\爆炸视图\explode.asm 文件，单击"打开"按钮，打开图 8-53 所示的装配模型。

（2）打开源文件后，在功能区"模型"选项卡的"模型显示"组中单击"视图管理器"按钮，系统弹出"视图管理器"对话框，切换到"分解"操控板，单击"新建"按钮。

（3）此时在文本框中出现默认分解视图的名称"Exp 0001"，如图 8-55 所示，或者在该文本框中重新输入一个新名称，按 Enter 键确认。该分解视图处于活动状态。

（4）在"视图管理器"对话框中单击"属性＞＞"按钮，从而将对话框切换至分解属性界面，如图 8-56 所示。

图 8-55 新建分解视图

图 8-56 分解属性界面

（5）单击图 8-56 中"编辑位置"按钮，从而在功能区中打开"分解工具"操控板。

（6）在"分解工具"操控板中单击"平移"按钮，然后选取 shaft.prt，将光标放置在 $X$ 轴上方并向上拖动以移动该元件，如图 8-57 所示。

（7）在图形区选中 arm.prt，将光标放置在 $Y$ 轴上方并向上拖动以平移该元件，如图 8-58 所示。

图 8-57　平移拖动 shaft

图 8-58　平移拖动 arm

（8）打开"选项"下滑面板，选中"随子项移动"复选框。选取 cover.prt，将光标放置在 X 轴上方，然后向上拖动。此时，螺栓 bolt 与其一起平移，如图 8-59 所示。

（9）选取阵列导引 bolt.prt，将光标放置在 X 轴上，然后向上拖动以分解全部 3 个螺栓成员，如图 8-60 所示。

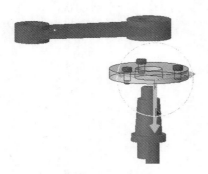

图 8-59　随子项移动 cover 和 bolt

图 8-60　平移 bolt 阵列

（10）在"参考"下滑面板中单击"移动参考"选框，然后选取 body.prt 的前曲面作为移动参考，如图 8-61 所示。然后选取 plate.prt，将光标放置在 X 轴上方，然后向左拖动，如图 8-62 所示。

移动参考曲面

图 8-61　选择移动参考

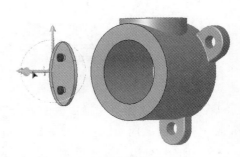

图 8-62　随子项移动 plate 和 bolt

（11）在图形区选取一个 bolt.prt，按住 Ctrl 键并选取第二个 bolt.prt 成员，然后将光标放置在 X 轴上方，向左拖动螺栓，如图 8-63 所示。

（12）在功能区"分解工具"操控板中单击"确定"按钮，返回到"视图管理器"对话框，此时的"分解"选项卡如图 8-64 所示。

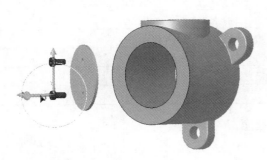

图 8-63　移动与 plate 连接的 2 个 bolt

图 8-64　"分解"选项卡的状态

（13）在"视图管理器"对话框中单击"＜＜列表"按钮，返回到分解视图列表。在"分解"选项卡中单击"编辑"按钮，打开一个下拉菜单，从中选择"保存"选项，如图 8-65 所示。

（14）系统弹出"保存显示元素"对话框，默认选中"分解"复选框，然后单击"确定"按钮，如图 8-66 所示。最后在"视图管理器"对话框中单击"关闭"按钮。

图 8-65　保存分解视图

图 8-66　"保存显示元素"对话框

## 8.7.2　创建装配剖面视图

在工业产品设计中，有时候要通过设置剖面来观察装配体中各元件间的结构关系，以分析产品结构装配的合理性，以及研究产品内部结构的细节问题等。在 Creo Parametric 8.0 中有两种方式创建剖面。

❑　在"视图管理器"对话框的"截面"操控板中创建剖面。

❑　使用"截面"工具按钮创建剖面。

使用"视图管理器"对话框的"截面"操控板可以创建"平面""X 方向""Y 方向""Z 方向""偏移""区域" 6 种类型的截面，如表 8-3 所示。

表 8-3　截面类型

| 序　号 | 截面类型 | 说　明 |
|---|---|---|
| 1 | 平面 | 通过选定的参考平面、坐标系或平整曲面来创建横截面 |
| 2 | X 方向 | 通过参考默认坐标系的 $X$ 轴创建平面横截面 |
| 3 | Y 方向 | 通过参考默认坐标系的 $Y$ 轴创建平面横截面 |
| 4 | Z 方向 | 通过参考默认坐标系的 $Z$ 轴创建平面横截面 |
| 5 | 偏移 | 通过参考草绘来创建横截面 |
| 6 | 区域 | 创建一个 3D 横截面 |

下面以实例介绍使用视图管理器创建偏移截面。

（1）在快速访问工具栏中单击"打开"按钮，系统弹出"文件打开"对话框，选择\DATA\ch8\轴承座\轴承座.asm 文件，单击"打开"按钮，打开轴承座装配模型。

（2）在打开的一个轴承座组件中，单击"视图管理器"按钮，系统弹出"视图管理器"对话框。

（3）在"视图管理器"对话框中切换至"截面"选项卡，接着单击该选项卡中的"新建"按钮，打开一个下拉菜单，选择创建的截面类型为"偏移"，如图 8-67 所示。

（4）在出现的文本框中输入新的截面名称"A"，如图 8-68 所示，按 Enter 键确定，打开"截面"操控板，如图 8-69 所示。

图 8-67　选择截面类型"偏移"

图 8-68　输入截面名称

图 8-69　"截面"操控板

（5）单击"草绘"下滑面板中的"定义"按钮，弹出"草绘"对话框，选择基准平面 ASM_TOP 作为草绘平面，基准平面 ASM_RIGHT 作为参考平面，方向为"右"，单击"确定"按钮，进入草绘环境。

（6）绘制图 8-70 所示的草绘切割折线，单击"确定"按钮，退出草绘环境。

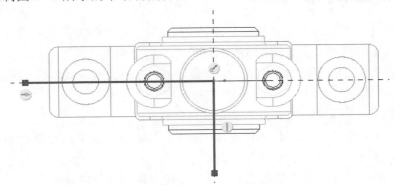

图 8-70　草绘切割折线

（7）在功能区"截面"操控板中单击"确定"按钮，接着在"视图管理器"对话框中单击"关闭"按钮，创建的偏移截面如图 8-71 所示。

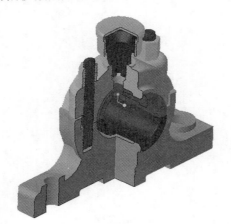

图 8-71　完成偏移截面的创建

## 8.8　本章小结

利用 Creo Parametric 8.0 装配模块提供的基本装配工具和其他工具，可以将设计好的零件按照指定的组装关系放置在一起以形成装配体（组件），可以在装配模式下添加和设计新元件，可以对单个元件激活并设计其中的元件特征，可以处理和操作装配元件（复制元件、镜像零件、替换元件、重复元件等），可以创建爆炸视图和装配剖面等。

在学习装配知识的时候，特别要注意放置约束和预定义约束集（连接）的应用方法和技巧等。约束有不完全约束、完全约束和过度约束，前两者容易理解，而过度约束是指添加比将元件置于装配中时所需约束更多的约束，即使从数学的角度来说，元件的位置已完全约束，但是还可能需要指定附加约束以确保装配遵循设计目的。学好本章知识，有助于大大提升产品设计的实战水平。

## 8.9　思考与练习题

1．如何新建一个组件设计文档？在装配模式中可以进行哪些重要的设计工作？

2．放置约束和连接装配分别用在什么场合？它们分别包括哪些具体的类型？

3．在装配中组装相同零件的方法主要有哪几种？分别说出这些装配方法的操作思路及步骤，可以举例辅助说明。

4．在装配中替换元件（零部件）的形式包括哪几种？

5．什么是分解视图？如何使用视图管理器来创建和保存命名的分解视图？

6．如何在装配（即组件）中创建平面剖面？

7．上机操作：为本章 8.2 节完成的轴承座装配组件创建分解视图。

# 第 9 章

# 工程图的绘制

Creo Parametric 8.0 具有强大的工程图绘制功能，可以根据建立好的零件模型或组件模型来快速生成所需的工程视图。这些工程视图与相应的零件或组件模型存在关联，如果修改其中某一方的驱动尺寸或关系，那么相关联的另一方也会自动发生更改，从而保证设计的一致性，提高设计效率。

本章首先介绍工程图模式，接着循序渐进地介绍如下内容：设置绘图环境、创建常见的各类绘图视图、视图的可见性和剖面选项、视图编辑、视图注释、使用绘图表格和工程图实战学习综合案例。

## 9.1 工程图概述

Creo Parametric 8.0 为用户提供了功能强大的工程图设计模块（也称绘图模式）。使用该模块，可以由建立好的零件模型或组件模型等快速生成所需的工程视图，并可以为视图添加各种标注和注释。

通过模型产生的工程视图可以分为标准三视图、一般视图（也称普通视图）、投影视图、详细视图、辅助视图等。可以根据模型结构和设计要求来为选定视图设置视图可见性（全视图、半视图、局部视图和剖断视图）和剖面情况。

工程视图绘制需要遵循一定的制图规范或标准。在机械制图领域，视图是指将机件向投影面投影所得的图形。目前，三面投影体系中常用的投影方法有第一角投影法和第三角投影法，其中，我国推荐采用第一角投影法，而有些国家则采用第三角投影法，投影法可由用户自行设置。

### 9.1.1 新建工程图文件

在 Creo Parametric 8.0 中，工程图文件后缀名为 ".drw"。在 Creo Parametric 8.0 的快速访问工具栏中单击"新建"按钮，打开"新建"对话框。

在"新建"对话框的"类型"选项组中单击"绘图"单选按钮，在"文件名"文本框中输入文件名或者接受默认的名称，可以根据需要设置是否使用绘图模型文件名；接着取消选中"使用默认模板"复选框，如图 9-1 所示；然后单击"确定"按钮，系统弹出图 9-2 所示的"新建绘图"对话框。

图 9-1 "新建"对话框

图 9-2 "新建绘图"对话框

在"新建绘图"对话框的"默认模型"选项组中单击"浏览"按钮，利用弹出的"打开"对话框浏览并选择所需要的模型。如果在创建工程图文件之前已经打开了一个模型，那么系统将自动选定该模型为默认模型。

在"指定模板"选项组中提供了"使用模板""格式为空""空"3 个单选按钮。

❑ 如果在"指定模板"选项组中选择了"使用模板"单选按钮，则从"模板"选项组的模板列表中选择所需模板，如图 9-3 所示。

❑ 如果在"指定模板"选项组中选择了"格式为空"单选按钮，则不用模板而是用现有格式创建绘图，如图 9-4 所示。此时需要在"格式"选项组中单击"浏览"按钮，浏览并选择要使用的格式。

❑ 如果在"指定模板"选项组中选择了"空"单选按钮，则可以在"方向"选项组中自定义图纸大小和方向。

图 9-3　使用"使用模板"单选按钮　　　　图 9-4　使用"格式为空"单选按钮

在"新建绘图"对话框中单击"确定"按钮，从而完成新建一个绘图文件并打开新工程绘图窗口。

## 9.1.2　工程图环境设置

在 Creo Parametric 8.0 中，可以通过使用绘图选项、配置选项、模板和格式这些组合来定制自己的绘图环境和绘图行为。

单击"文件"选项卡并从打开的文件应用程序菜单中选择"选项"选项，系统弹出"Creo Parametric 选项"对话框，接着选择"配置编辑器"来设置与绘图相关的配置选项。

对于绘图文件，系统提供绘图选项（绘图详细信息选项）以向细节设计环境添加附加控制，如确定尺寸和注释文本高度、文本方向、几何公差标准、字体属性、绘制标准、箭头长度等属性。下面介绍绘图选项的相关知识，设置绘图选项的典型方法及步骤如下。

（1）在一个新建的工程图文件中，单击"文件"选项卡，接着执行"准备"＞"绘图属性"命令，弹出图 9-5 所示的"绘图属性"对话框。

图 9-5　"绘图属性"对话框

（2）在"绘图属性"对话框中单击"细节选项"对应的"更改"按钮，系统弹出图 9-6 所示的"选项"对话框。

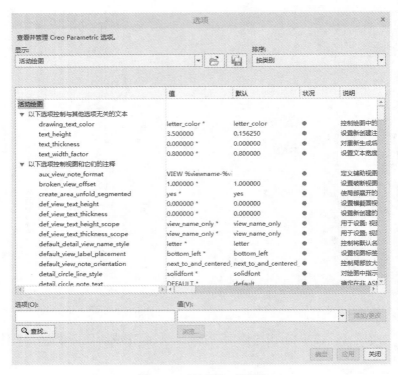

图 9-6　"选项"对话框

从"选项"对话框的列表中选择要修改的选项，或者直接在"选项"文本框中输入选项名称，接着在"值"下拉列表框中指定所需的选项（值），然后单击"添加/更改"按钮，以及单击"应用"按钮。完成后关闭"选项"对话框，完成其他绘图选项的设置后关闭"选项"对话框，完成配置新的绘图环境。常规绘图选项的设置如表 9-1 所示。

表 9-1　常规绘图选项设置

| 绘 图 选 项 | 说 明 | 设置值（推荐） |
|---|---|---|
| drawing_units | 设置所有绘图参数的单位 | mm |
| text_height | 设置新创建注释的默认文本高度 | 3.5 |
| draw_arrow_length | 设置指引线箭头的长度 | 3.5 |
| draw_arrow_width | 设置指引线箭头的宽度 | 1 |
| tol_display | 控制尺寸公差的显示 | Yes |
| projection_type | 确定创建投影视图的方法 | first_angle |
| dim_leader_length | 在尺寸引线箭头超出尺寸界线时，设置尺寸引线的长度 | 6 |
| default_lindim_text_orientation | 设置线性尺寸的默认文本方向 | parallel_to_and_above_leader |
| witness_line_delta | 设置尺寸界线在尺寸引线箭头上的延伸量 | 3 |
| default_diadim_text_orientation | 设置直径尺寸的默认文本方向 | parallel_to_and_above_leader |
| default_raddim_text_orientation | 设置半径尺寸的默认文本方向 | parallel_to_and_above_leader |

### 9.1.3　绘图树

　　进入工程图模式，导航区的"模型树"选项卡除提供模型树之外，还提供一个绘图树窗口，如图 9-7 所示。绘图树是活动绘图中绘图项的结构化列表，它表示绘图项的显示状况，以及绘图项与绘图的活动模型之间的关系。

　　使用绘图树选择绘图项也十分方便。在绘图树中选择绘图项时，所选绘图项会成为选择集的一部分，并且所选绘图项在绘图页面中高亮显示。如果选定项有对应的模型项，那么该模型项会在模型树中显示为选择状态。如果在绘图树中选择绘制图元节点，则该节点表示的所有绘制图元将显示为选择状态。

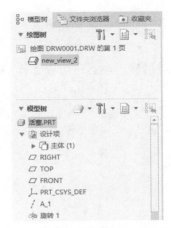

图 9-7　绘图树与模型树

### 9.1.4　向绘图添加模型

　　向绘图添加模型是指在放置零件的视图之前，必须建立零件与绘图的关系。在打开的绘图文件（工程图文件）中，可以执行以下步骤来向绘图文件添加模型。

　　（1）在功能区"布局"选项卡的"模型视图"组中单击"绘图模型"按钮 。

　　（2）系统弹出一个提供"绘图模型"菜单的菜单管理器，如图 9-8 所示。在"绘图模型"菜单中选择"添加模型"选项，弹出"打开"对话框，选择绘图模型，该模型被设置为当前绘图模型。

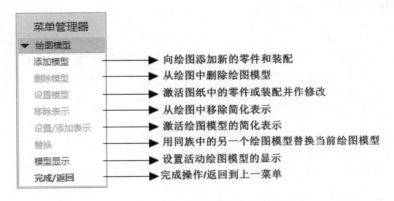

图 9-8　"绘图模型"菜单

　　向绘图添加模型，不是将模型的视图直接放置到页面，而是重新设置为当前绘图模型，以便放置新模型的相关视图。

### 9.1.5　使用绘图页面

　　在 Creo Parametric 8.0 中可以创建具有多个页面的绘图，并可以在页面之间移动项目。绘图的页面列在图形窗口左下角的"页面"栏中，可以使用该栏中的"页面"选项卡在各页面之间浏览。若单击"页面"栏中的"新建页面"按钮 ⊕，则可以添加新页面。用户也可以在功能区"布局"选项卡的"文档"组中单击"新页面"按钮 🗋，来添加一个新的页面。

如果要查看和更新当前页面的属性，如名称、格式、大小和方向，则可以在功能区"布局"选项卡中单击"文档"组中的"页面设置"按钮 🖾，以弹出图 9-9 所示的"页面设置"对话框。注意：可以选择多个页面并使用页面设置功能一次性更新所有选定页面的属性。

图 9-9  "页面设置"对话框

在处理多页面绘图时可以将投影视图切换到其他页面，但它将丢失与父视图的关联。如果将投影视图切换回其父视图的同一页面，则该关联随即恢复。另外，可以单独改变每个页面上的绘图比例或者删除某个页面，操作方法与 Excel 页面操作方法相同。读者可自行联网搜索，此处不再赘述。

## 9.2　视图的创建

在绘图模式下，可以根据参考模型来创建一般视图、投影视图、详细视图、辅助视图和旋转视图等。用于创建这些常见绘图视图的工具按钮位于功能区"布局"选项卡的"模型视图"组中，本节结合典型案例来分别介绍如何创建以上各种视图。

### 9.2.1　轴零件的工程图创建

在快速访问工具栏中单击"打开"按钮，系统弹出"文件打开"对话框，选择\DATA\ch9\轴零件工程图创建\轴.prt 文件，单击"打开"按钮，打开如图 9-10 所示的阶梯轴模型。

图 9-10　阶梯轴模型

该轴长为 415 mm，最大外径为 70 mm。在创建轴零件工程图时，为了节省图纸空间而采用了破断视图；此外，在表现键槽结构时，采用了剖视图；在表现阶梯轴越程槽结构时，采用了局部放大图。

### 1．创建辅助平面

单击"模型"选项卡"基准"组中的"平面"按钮▱，选取轴端面为参考平面，输入适当偏移距离，在键槽处建立辅助平面。按此方法，分别在两处键槽中部建立辅助平面，如图 9-11 所示。

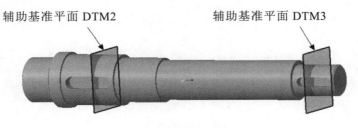

辅助基准平面 DTM2　　　　辅助基准平面 DTM3

图 9-11　创建辅助平面

### 2．定义零件剖切截面

（1）单击图形工具栏中的"视图管理器"按钮▣，弹出"视图管理器"对话框，单击"截面"选项卡。

（2）在"视图管理器"对话框中单击"新建"按钮并在弹出的列表框中选择"平面"选项，然后输入截面的名称为"A"，按 Enter 键后界面顶部会弹出"截面"操控板。

（3）创建大键槽截面：单击在大键槽处建立的辅助平面 DTM2，箭头方向不影响截面图的显示效果，如图 9-12 所示。其余设置不变，单击操控板中的"确定"按钮，完成创建。

（4）创建小键槽截面：按上述步骤（2）操作，命名截面名称为"B"，进入"截面"操控板后，单击在小键槽处建立的辅助平面 DTM3，可通过单击"截面"操控板中的"反向工作截面"按钮✕进行箭头方向的调节，其余设置不变，创建如图 9-13 所示的图形。单击操控板中的"确定"按钮，完成创建。

图 9-12　创建大键槽截面

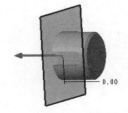

图 9-13　创建小键槽截面

（5）回到"视图管理器"对话框，双击空白框中的"无横截面"，将轴恢复完整，单击"关闭"按钮退出。单击界面顶部的快速访问工具栏中的"保存"按钮▣，保存截面创建内容。

### 3．新建工程图文件

（1）单击界面顶部快速访问工具栏中的"新建"按钮▯，新建一个名称为"轴"的绘图文件。在弹出的"新建绘图"对话框中设置"默认模型"为轴零件"轴.prt"。

（2）在"指定模板"选框中选择"格式为空"，单击"格式"选框里的"浏览"按钮，系统弹出"文件打开"对话框，选择\DATA\ch9\轴零件工程图创建\a3-h-pt.frm 文件，单击"打开"按钮，设置如图 9-14 所示。单击"确定"按钮，输入设置好的参数，进入工程图工作界面。

图 9-14　"新建绘图"对话框设置

### 4．创建主视图

（1）在"布局"选项卡"模型视图"组中单击"普通视图"按钮，弹出"选择组合状态"对话框。接受默认设置，单击"确定"按钮。

（2）在图形区方框内单击任意位置，弹出"绘图视图"对话框，如图 9-15 所示。此时在图形区显示轴零件的预览情况。

图 9-15　"绘图视图"对话框

（3）视图类型设置：在"视图名称"后的文本框中输入"主视图"。在"视图方向"选项组中单击"几何参考"单选按钮，再设置"参考 1""前"为基准平面 FRONT，选取"参考 2""上"为基准平面 TOP，设置好后的对话框如图 9-16 所示。单击对话框中的"应用"按钮，调整好方向后的主视图如图 9-17 所示。

图 9-16　视图类型及方向设置

图 9-17　主视图

（4）比例设置：选择"绘图视图"对话框中"类别"列表框中的"比例"选项，在"比例和透视图选项"选项组中单击"自定义比例"单选按钮，在其后的文本框中输入比例值为"1"，单击对话框中的"应用"按钮。

（5）视图显示设置：选择"绘图视图"对话框中"类别"列表框中的"视图显示"选项，进入"视图显示选项"选项组。设置"显示样式"为 、"相切边显示样式"为 无，其余保持默认，设置内容如图 9-18 所示。单击对话框中的"应用"按钮，再单击"确定"按钮退出对话框。

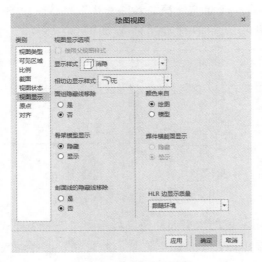

图 9-18　视图显示设置

（6）调整主视图位置：单击图形区主视图上的任意位置选中主视图，再单击鼠标右键，在弹出的菜单中选择"锁定视图移动"选项，使视图移动处于解锁状态。用鼠标将主视图移动到适当位置，如图 9-19 所示。此时轴的长度已经超出图框范围，需对视图做破断处理。

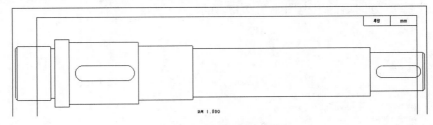

图 9-19　消隐后的主视图

### 5．创建破断视图

（1）双击主视图，弹出"绘图视图"对话框，在"类别"列表框中选择"可见区域"选项，在"视图可见性"后的选项框中选择"破断视图"选项，如图 9-20 所示。

图 9-20　选择"破断视图"选项

（2）单击"添加断点"按钮 ✚，系统在信息提示区提示"草绘一条水平或竖直的破断线"。单击选中右起第 2 个轴段的上边，拖动鼠标向下移动创建第一条竖直破断线。此时系统在信息提示区提示"拾取一个点定义第二条破断线"。在该轴段另一个位置单击选中上边，自动创建第二条竖直破断线，两条破断线的位置如图 9-21 所示。

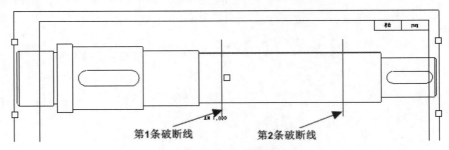

图 9-21　创建 2 条竖直破短线

（3）如图 9-22 所示，拖动水平滚动条，显示出"破断线样式"列，单击下方的下拉三角按钮，在下拉列表框中选择"草绘"选项。此时系统在界面底部信息提示区提示"为样条创建要经过的点"。

图 9-22 设置破断线样式

（4）直接在主视图第一条竖直破断线处绘制样条曲线，完成后单击鼠标中键确定，第二条样条曲线自动生成，如图 9-23 所示。

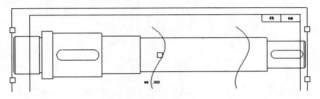

图 9-23 绘制样条曲线

（5）单击对话框中的"应用"按钮，再单击"确定"按钮退出对话框。用鼠标选中主视图中两段图形，调整视图到合适位置，删除底部的比例文字，效果如图 9-24 所示。

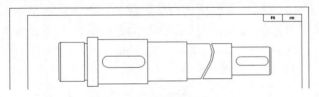

图 9-24 调整后的主视图

## 6．创建键槽截面视图

（1）创建左视图：在"布局"选项卡"模型视图"组中单击"投影视图"按钮🔲，鼠标从主视图向右侧移动，得到左视图，在适当位置单击以放置左视图，如图 9-25 所示。

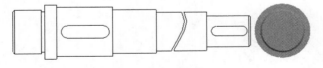

图 9-25 创建左视图

（2）双击左视图，弹出"绘图视图"对话框。修改"视图名称"为"大键槽截面"；在"类别"列表框中选择 "视图显示"选项，设置"显示样式"为🔲消隐、"相切边显示样式"为🔲无，其余保持默认，单击对话框中的"应用"按钮。

（3）创建大键槽截面：选择"绘图视图"对话框中"类别"列表框中的"截面"选项，进入"截面选项"选项组。单击其中的"2D 横截面"单选按钮，单击"将横截面添加到视图"按钮➕,选择"名称"列下面的"A",再单击"模型边可见性"后面的"区域"单选按钮。"绘图视图"对话框设置如图 9-26 所示,单击对话框中的"应用"按钮。

图 9-26　截面设置

（4）选择"绘图视图"对话框中"类别"列表框中的"对齐"选项,进入"视图对齐选项"选项组,取消选中"将此视图与其他视图对齐"复选框。单击对话框中的"应用"按钮,再单击"确定"按钮退出对话框。

（5）移动大键槽截面图至主视图下方,选中截面图,单击鼠标右键,在弹出的菜单中选择"添加箭头"选项。此时在界面底部有信息提示,根据提示单击主视图中大键槽的位置,出现朝左的投影箭头。通过鼠标调整箭头和大键槽截面图至适当位置,结果如图 9-27 所示。

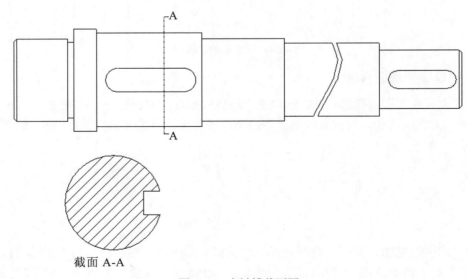

截面 A-A

图 9-27　大键槽截面图

（6）用上述方法投影并创建小键槽截面图,修改并调整截面标识位置,小键槽截面图创建过程中选取截面"名称"为"B",效果如图 9-28 所示。

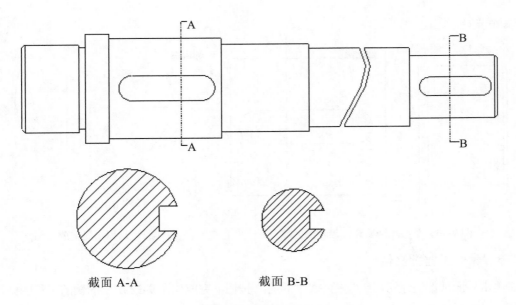

截面 A-A　　　　　　　　　截面 B-B

图 9-28　小键槽截面图

**7. 创建越程槽局部放大图**

（1）在功能区"布局"选项卡的"模型视图"组中单击"局部放大图"按钮 。

（2）在主视图中选择要局部放大的越程槽上的中心点，如图 9-29 所示，系统加亮显示所选的点。

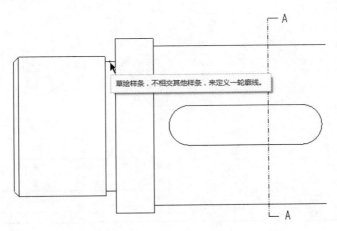

图 9-29　选择局部放大图的中心点

（3）系统出现"草绘样条，不相交其他样条，来定义一轮廓线"的提示信息。使用鼠标左键围绕着所选的中心点依次选择若干点，以草绘环绕要详细显示区域的样条，单击鼠标中键完成样条的定义。此时，样条显示为一个圆和一个详图视图名称的注解，如图 9-30 所示。

（4）在图纸页面中选择局部放大图的放置位置。局部放大图显示样条范围内的父视图区域，并标注局部放大图的名称和缩放比例，如图 9-31 所示。

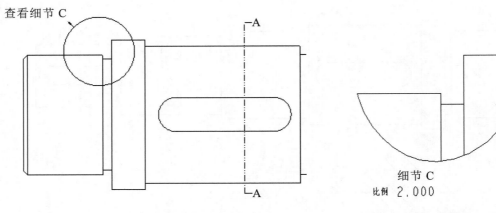

图 9-30　草绘环绕要详细显示的区域　　　　　图 9-31　越程槽局部放大图

### 8. 保存工程图文件

单击界面顶部快速访问工具栏中的"保存"按钮，完成如图 9-32 所示的轴的工程图创建。

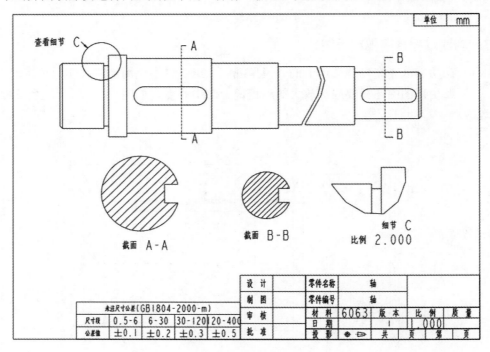

图 9-32　视图创建效果图

## 9.2.2　托架的工程图创建

本节通过托架零件模型进行工程图的创建，使读者掌握全剖视图、局部剖视图和旋转剖视图的创建方法。

在快速访问工具栏中单击"打开"按钮，系统弹出"文件打开"对话框，选择\DATA\ch9\托架工程图创建\托架.prt 文件，单击"打开"按钮，打开如图 9-33 所示的托架模型。

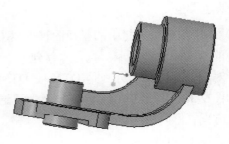

图 9-33　托架模型

## 1．创建辅助基准轴和基准平面

（1）以基准平面 TOP 和基准平面 DTM1 为参考创建基准轴 A_12，如图 9-34 所示。

（2）以创建的基准轴 A_12 和基准平面 DTM1 为参考，创建与基准平面 DTM1 角度为 45°的基准平面 DTM2，其中，辅助平面 DTM1 作为"偏移"方式参考，基准轴作为"穿过"方式参考，如图 9-35 所示。

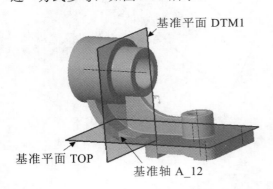
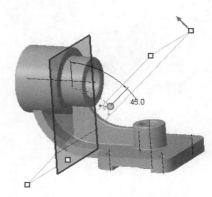

图 9-34　创建基准轴 A_12

图 9-35　创建基准平面 DTM2

（3）以基准平面 RIGHT 面和螺钉孔孔轴为参考创建基准平面 DTM3，其中基准平面 RIGHT 作为"平行"方式参考，孔轴作为"穿过"方式参考，效果如图 9-36 所示。

（4）以基准平面 TOP 面和大孔孔轴为参考创建基准平面 DTM4，其中，基准平面 TOP 面作为"平行"方式参考，孔轴作为"穿过"方式参考，效果如图 9-37 所示。

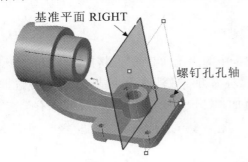
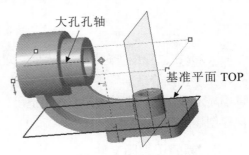

图 9-36　创建基准平面 DTM3

图 9-37　创建基准平面 DTM4

## 2．创建截面

（1）单击图形工具栏中的"视图管理器"按钮📇，弹出"视图管理器"对话框，选择对话框中的"截面"选项卡后执行"新建"＞"平面"命令，分别创建截面 A、截面 B、截面 C，对应的基准平面分别是 DTM4、DTM2 和 DTM3。以三个基准平面建立的截面效果分别如图 9-38、图 9-39、图 9-40 所示。可通过单击操控板中的"反向工作截面"按钮╳调节箭头方向。

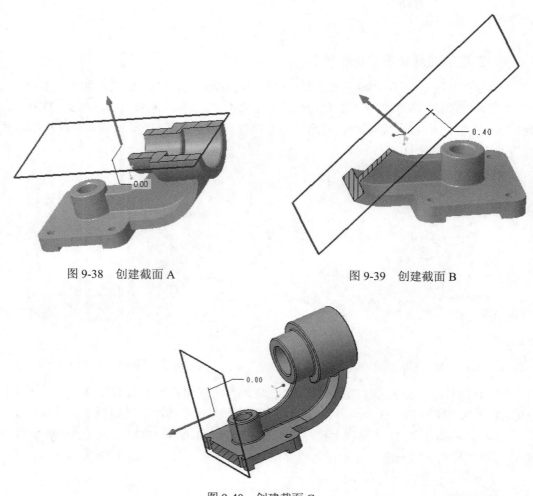

图 9-38　创建截面 A　　　　　　　　　　图 9-39　创建截面 B

图 9-40　创建截面 C

（2）在"视图管理器"对话框，双击空白框中的"无横截面"，将托架恢复完整。此外，在"视图管理器"中选中截面符号，单击鼠标右键，取消选中"显示截面"复选框，可不显示截面，单击"关闭"按钮退出。单击界面顶部快速访问工具栏中的"保存"按钮，保存创建的截面。

## 3．新建工程图文件

（1）单击界面顶部快速访问工具栏中的"新建"按钮🗋，新建一个名称为"托架"的绘图文件。在弹出的"新建绘图"对话框中设置"默认模型"为"托架.prt"。

（2）在"指定模板"选框中选择"格式为空"，单击"格式"选框里的"浏览"按钮，系统弹出"文件打开"对话框，选择\DATA\ch9\托架工程图创建\a3-h-pt.frm 文件，单击"打开"按钮，设置如图 9-14 所示。单击"确定"按钮，输入设计好的参数，进入工程图工作界面。

### 4．创建主视图

（1）在"布局"选项卡"模型视图"组中单击"普通视图"按钮 ，弹出"选择组合状态"对话框。接受默认设置，单击"确定"按钮。

（2）在图形区方框内单击任意位置，弹出"绘图视图"对话框。此时在图形区显示托架的预览情况。

（3）修改视图名称：在"绘图视图"对话框中"视图名称"后的文本框中输入"主视图"。

（4）定义主视图方向：在"视图方向"选项组中单击"几何参考"单选按钮，再设置"参考 1""后"为基准平面 FRONT，选取"参考 2""下"为基准平面 TOP，设置好后的对话框如图 9-41 所示。

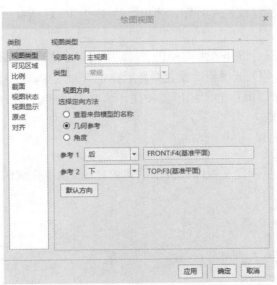

图 9-41　视图类型及方向设置

（5）比例设置：选择"绘图视图"对话框中"类别"列表框中的"比例"选项，在"比例和透视图选项"选项组中单击"自定义比例"单选按钮，在其后的文本框中输入比例值为"1"，单击对话框中的"应用"按钮。

（6）视图显示设置：选择"绘图视图"对话框中"类别"列表框中的"视图显示"选项，进入"视图显示选项"选项组。设置"显示样式"为 、"相切边显示样式"为 ，其余保持默认。单击对话框中的"应用"按钮，再单击"确定"按钮退出对话框，创建完成的主视图如图 9-42 所示。

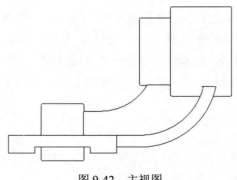

图 9-42    主视图

（7）调整主视图位置：单击图形区主视图上的任意位置选中主视图，再单击鼠标右键，在弹出的菜单中选择"锁定视图移动"选项，使视图移动处于解锁状态。用鼠标将主视图移动到适当位置。

### 5. 创建左视图

（1）在"布局"选项卡"模型视图"组中单击"投影视图"按钮 🖵，鼠标从主视图向右侧移动，在适当位置单击以放置左视图。

（2）修改视图名称：双击左视图，弹出"绘图视图"对话框，在"视图名称"后的文本框中输入"左视图"。

（3）视图显示设置：选择"绘图视图"对话框中"类别"列表框中的"视图显示"选项，进入"视图显示选项"选项组。设置"显示样式"为 🗇消隐、"相切边显示样式"为 ⌐无，其余保持默认。单击对话框中的"应用"按钮，再单击"确定"按钮退出对话框，创建完成的左视图如图 9-43 所示。

### 6. 创建俯视图

选中主视图后，参照创建左视图的方法创建俯视图，创建完成的俯视图如图 9-44 所示。

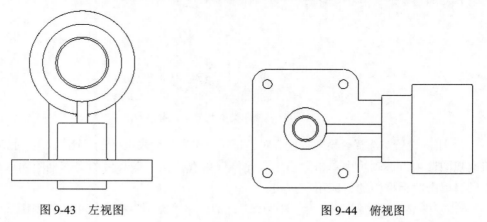

图 9-43    左视图                    图 9-44    俯视图

### 7. 创建俯视图全剖视图

双击俯视图，弹出"绘图视图"对话框。选择"类别"列表框中的"截面"选项，进入"截面选项"选项组。单击其中的"2D 横截面"单选按钮，然后单击"将横截面添加到视图"按钮➕，选择"名称"列下面的"A"，"剖切区域"选择"完整"。单击对话框中的"应用"按钮，再单击"确定"按钮退出对话框，效果如图 9-45 所示。

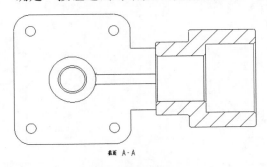

图 9-45　俯视图全剖视图

### 8．创建主视图旋转剖视图

（1）在"布局"选项卡"模型视图"组中单击"旋转视图"按钮➌➌，界面底部信息提示栏提示"选择旋转界面的父视图"，单击主视图后提示"选择绘图视图的中心点"，此时在主视图背部空白区域单击，弹出"绘图视图"对话框。

（2）在"绘图视图"对话框中"视图名称"后的文本框中输入"旋转剖视视图"。在"旋转视图属性"框中的"横截面"内选择"B"，单击"应用"按钮，在图形区出现截面。再选择基准平面 FRONT 面作为"对齐参考"，单击"确定"按钮退出。移动旋转剖视图到适当位置，最终效果如图 9-46 所示。

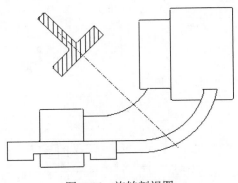

图 9-46　旋转剖视图

### 9．创建左视图局部剖视图

（1）双击左视图，弹出"绘图视图"对话框。

（2）选择"类别"列表框中的"截面"选项，进入"截面选项"选项组。单击其中的"2D 横截面"单选按钮，然后单击"将横截面添加到视图"按钮➕，选择"名称"列下面的"C"，"剖切区域"选择"局部"。

（3）界面底部信息提示栏提示"选择截面间断的中心点<C>"，在如图 9-47 所示位置单击并绘制样条曲线，绘制样条曲线结束点时离起始点要有一些距离，单击鼠标中键确定。

单击对话框中的"应用"按钮，再单击"确定"按钮退出对话框，创建完成的局部剖视图如图 9-48 所示。

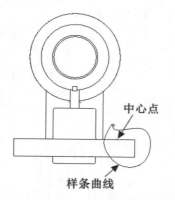

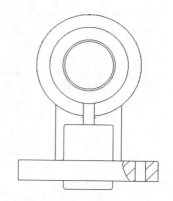

图 9-47　中心点位置与样条曲线　　　　　　　　图 9-48　局部剖视图

### 10．保存工程图文件

单击界面顶部快速访问工具栏中的"保存"按钮，完成如图 9-49 所示的托架的工程图创建。

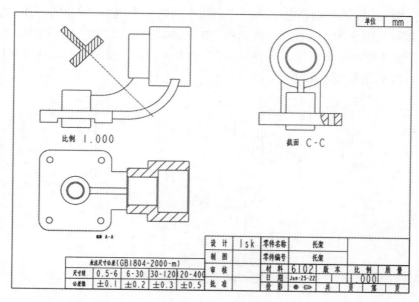

图 9-49　托架工程图

### 9.2.3　基座的工程图创建

本节通过基座零件模型进行工程图的创建，使读者掌握创建常规视图、阶梯剖视图、半剖视图以及轴测视图的创建方法。

在快速访问工具栏中单击"打开"按钮，系统弹出"文件打开"对话框，选择\DATA\ch9\基座工程图创建\基座.prt 文件，单击"打开"按钮，打开如图 9-50 所示的基座模型。

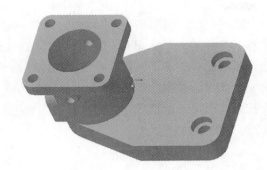

图 9-50　基座模型

## 1. 创建辅助平面

单击"模型"选项卡"基准"组中的"平面"按钮,创建如图 9-51 所示的参考面,该参考面是在前后侧孔处的水平辅助平面。

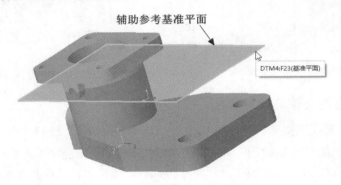

图 9-51　创建辅助参考基准平面

## 2. 创建基座截面

（1）单击"视图管理器"按钮 ,弹出"视图管理器"对话框,选择对话框中的"截面"选项卡后单击"新建"按钮,输入截面的名称"A",按 Enter 键确定。在弹出的"截面"操控板中选取基准平面 RIGHT,创建如图 9-52 所示的截面 A。

（2）重复上述方法,在"视图管理器"对话框中创建截面 B（设置截面名称为"B"）,其对应的参考平面是基准平面 DTM4,截面 B 如图 9-53 所示。

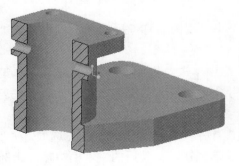

图 9-52　截面 A

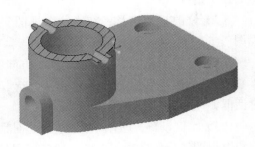

图 9-53　截面 B

（3）通过"偏移"创建阶梯状零件截面：在"视图管理器"对话框中选择"截面"选项卡后执行"新建"＞"偏移"命令，输入截面的名称"C"，按 Enter 键确定，弹出"截面"操控板。单击"草绘"下滑面板中的"编辑"按钮，选择草绘平面为基座底板上表面，进入草绘模式。选中阶梯槽为参考，绘制如图 9-54 所示的切割折线，折线穿过大圆中心和沉孔中心。单击"确定"按钮，退出草绘模式。单击"截面"操控面板中的"确定"按钮，完成如图 9-55 所示偏移截面 C 的创建。

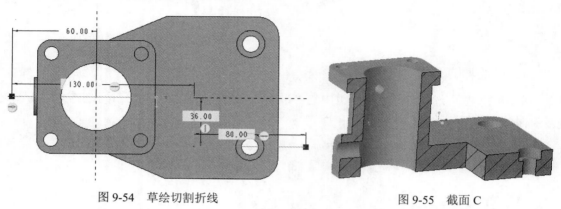

图 9-54　草绘切割折线　　　　　　　　图 9-55　截面 C

### 3．新建工程图文件

（1）单击界面顶部快速访问工具栏中的"新建"按钮，新建一个名称为"基座"的绘图文件。在弹出的"新建绘图"对话框中设置"默认模型"为"基座.prt"。

（2）在"指定模板"选框中选择"格式为空"，单击"格式"选框里的"浏览"按钮，系统弹出"文件打开"对话框，选择\DATA\ch9\基座工程图创建\a3-h-pt.frm 文件，单击"打开"按钮，设置如图 9-14 所示。单击"确定"按钮，输入设计好的参数，进入工程图工作界面。

### 4．创建主视图

（1）在"布局"选项卡"模型视图"组中单击"普通视图"按钮，弹出"选择组合状态"对话框。接受默认设置，单击"确定"按钮。

（2）在图形区方框内单击任意位置，弹出"绘图视图"对话框。此时在图形区显示基座的预览情况。

（3）修改视图名称：在"绘图视图"对话框中"视图名称"后的文本框中输入"主视图"。

（4）定义主视图方向：在"视图方向"选项组中单击"几何参考"单选按钮，再设置"参考 1""前"为基准平面 FRONT，选取"参考 2""上"为基准平面 TOP，设置好后的对话框如图 9-56 所示。

（5）比例设置：选择"绘图视图"对话框中"类别"列表框中的"比例"选项，在"比例和透视图选项"选项组中单击"自定义比例"单选按钮，在其后的文本框中输入比例值为"0.5"，单击对话框中的"应用"按钮。

（6）视图显示设置：选择"绘图视图"对话框中"类别"列表框中的"视图显示"选项，进入"视图显示选项"选项组。设置"显示样式"为 消隐、"相切边显示样式"为 无，其余保持默认。单击对话框中的"应用"按钮，再单击"确定"按钮退出对话框，创建完成的主视图如图 9-57 所示。

图 9-56　视图名称及定向设置

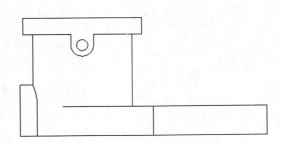

图 9-57　基座主视图

### 5．创建左视图

（1）在"布局"选项卡"模型视图"组中单击"投影视图"按钮 ，鼠标从主视图向右侧移动，在适当位置单击以放置左视图。

（2）修改视图名称：双击左视图，弹出"绘图视图"对话框，在"视图名称"后的文本框中输入"左视图"。

（3）视图显示设置：单击"绘图视图"对话框中"类别"列表框中的"视图显示"选项，进入"视图显示选项"选项组。设置"显示样式"为 消隐、"相切边显示样式"为 无，其余保持默认。单击对话框中的"应用"按钮，再单击"确定"按钮退出对话框，创建完成的左视图如图 9-58 所示。

### 6．创建俯视图

选中主视图后，参照创建左视图的方法创建俯视图，创建完成的俯视图如图 9-59 所示。

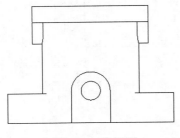

图 9-58　左视图

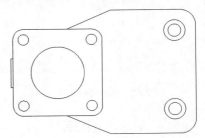

图 9-59　俯视图

### 7．创建轴测视图

轴测视图的创建方法与主视图的创建方法一样，视图比例及视图显示设置与主视图相同。不同的是，在"绘图视图"对话框"视图方向"选项组中单击"查看来自模型的名称"单选按钮，在"默认方向"下拉列表中选择"等轴测"选项，设置如图 9-60 所示。创建好的轴测图如图 9-61 所示。

图 9-60　轴测视图名称及方向设置

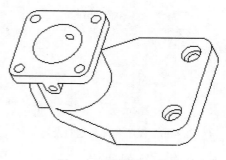

图 9-61　轴测图

### 8．创建主视图阶梯剖视图

（1）双击主视图，弹出"绘图视图"对话框。选择"类别"列表框中的"截面"选项，进入"截面选项"选项组。单击其中的"2D 横截面"单选按钮，然后单击"将横截面添加到视图"按钮➕，选择"名称"列下面的"C"。单击对话框中的"应用"按钮，创建的阶梯剖视图如图 9-62 所示，再单击"确定"按钮退出。

（2）添加箭头：选中主视图，单击鼠标右键，在弹出的菜单中选择"添加箭头"选项，再单击俯视图，对出现的箭头位置进行适当调整，效果如图 9-63 所示。

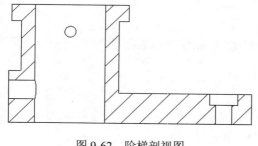

图 9-62　阶梯剖视图

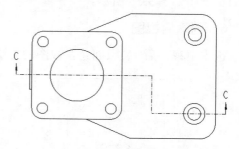

图 9-63　添加箭头

### 9．创建左视图半剖视图

（1）双击左视图，弹出"绘图视图"对话框。选择"类别"列表框中的"截面"选项，进入"截面选项"选项组。单击其中的"2D 横截面"单选按钮，并单击"将横截面添加到视图"按钮➕，选择"名称"列下面的"A"，"剖切区域"选择"半倍"。界面底部系统信息提示区提示"为半截面创建选择参考平面"，选择基准平面 FRONT 作为参考平面，注意箭头方向。单击对话框中的"应用"按钮，再单击"确定"按钮退出对话框。

（2）双击剖面线，弹出"菜单管理器"对话框。选中其中的"比例"，弹出"修改模式"下滑选项，调整剖面线的比例，左视图半剖视图如图 9-64 所示。

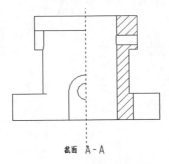

图 9-64　左视图半剖视图

（3）添加箭头：选中左视图，单击鼠标右键，在弹出的菜单中选择"添加箭头"选项，再单击主视图，对出现的箭头位置进行适当调整。

### 10．创建俯视图半剖视图

（1）双击左视图，弹出"绘图视图"对话框。选择"类别"列表框中的"截面"选项，进入"截面选项"选项组。单击其中的"2D 横截面"单选按钮，并单击"将横截面添加到视图"按钮➕，选择"名称"列下面的"B"，"剖切区域"选择"半倍"。界面底部系统信息提示区提示"为半截面创建选择参考平面"，选择基准平面 FRONT 作为参考平面，注意箭头方向。单击对话框中的"应用"按钮，再单击"确定"按钮退出对话框。

（2）双击剖面线，弹出"菜单管理器"对话框。选中其中的"比例"，弹出"修改模式"下滑选项，调整剖面线的比例，俯视图半剖视图如图 9-65 所示。

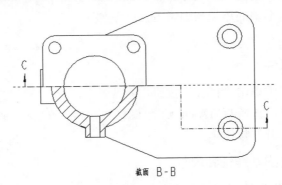

图 9-65　俯视图半剖视图

（3）添加箭头：选中左视图，单击鼠标右键，在弹出的菜单中选择"添加箭头"选项，再单击主视图，对出现的箭头位置进行适当调整。

### 11．保存工程图文件

单击界面顶部快速访问工具栏中的"保存"按钮，完成如图 9-66 所示的基座的工程图创建。

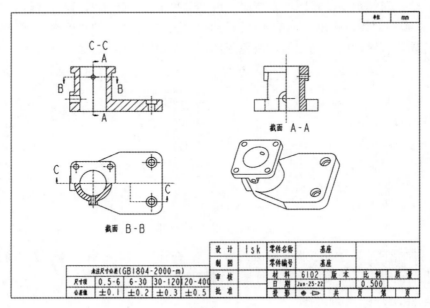

图 9-66　基座工程图

## 9.3　工程图标注

在工程图设计过程中，完成零件的视图创建工作之后，还需完成视图的注释工作。视图的注释主要涉及尺寸、注解、基准、尺寸公差、几何公差和表面粗糙度的标注及编辑。本节以轴零件图标注为实例，使读者掌握自动生成尺寸并编辑的方法；掌握手动添加尺寸并编辑的方法；掌握表面粗糙度、尺寸公差、几何公差的添加方法；掌握基准轴的添加与编辑方法；掌握工程图注解的创建方法。

### 1．打开工程图文件

在快速访问工具栏中单击"打开"按钮，系统弹出"文件打开"对话框，选择\DATA\ch9\工程图标注\轴.drw 文件，单击"打开"按钮。

### 2．显示自动生成的基准轴和尺寸

（1）单击"注释"选项卡"注释"组中的"显示模型注释"按钮，弹出"显示模型注释"对话框，如图 9-67 所示。

图 9-67　"显示模型注释"对话框

（2）单击"显示模型注释"对话框中的"显示模型基准"图标 ，按住 Ctrl 键，在图形区依次单击需要显示基准轴的视图。单击对话框中的"全选"按钮 ，再单击"应用"按钮，完成基准轴的显示，如图 9-68 所示。

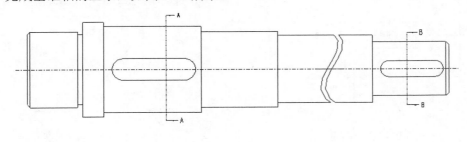

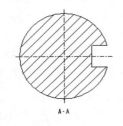
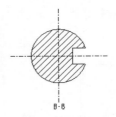

图 9-68　显示基准轴

（3）单击"显示模型注释"对话框中的"显示模型尺寸"图标 ，在图形区选择轴右侧的小键槽，显示效果如图 9-69 所示。在"显示模型注释"对话框中选中需要的尺寸，在图形区中的对应尺寸则会变为黑色，单击对话框中的"应用"按钮。保留尺寸如图 9-70 所示，单击对话框中的"确定"按钮退出。

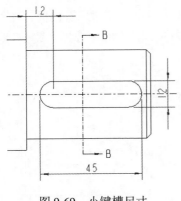

图 9-69　小键槽尺寸

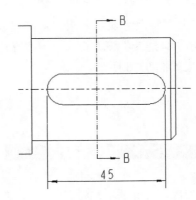

图 9-70　保留尺寸

### 3．手动添加尺寸并编辑

（1）在"注释"选项卡"注释"组中单击"尺寸"按钮 ，弹出"选择参考"选项板，选项保持默认。选择图 9-71 中左侧箭头所指的边，按住 Ctrl 键再选择右侧箭头所指的边，在适当位置单击鼠标中键放置，效果如图 9-72 所示。

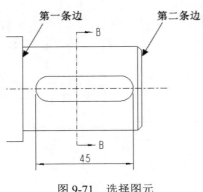

图 9-71　选择图元

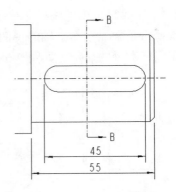

图 9-72　尺寸标注效果 1

（2）创建直线与圆弧之间的尺寸标注：选择图 9-73 中箭头所指的边和圆弧，在与尺寸"45"同水平处单击鼠标中键放置，效果如图 9-74 所示。

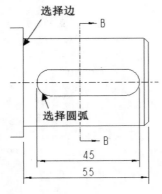

图 9-73　选择边与圆弧

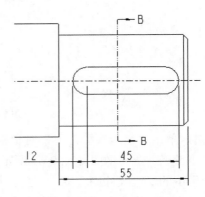

图 9-74　尺寸标注效果 2

（3）调整尺寸显示效果：双击尺寸"12"，界面顶部弹出"尺寸"操控板，在"显示"组中单击"弧连接"下方第二个下拉三角按钮，如图 9-75 所示。在其中选择"最小"选项，尺寸效果如图 9-76 所示。

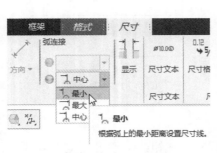

图 9-75　调整尺寸显示

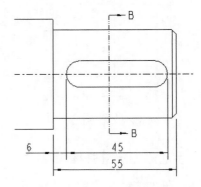

图 9-76　调整后尺寸显示效果

（4）参照上述方法完成水平尺寸的标注，水平尺寸标注效果如图 9-77 所示。

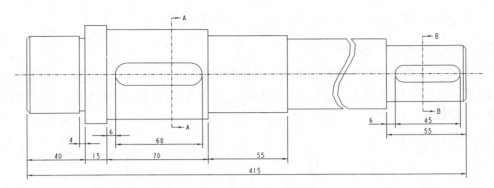

图 9-77 水平尺寸的标注

（5）参照上述方法完成竖直尺寸的标注，竖直尺寸标注效果如图 9-78 所示。

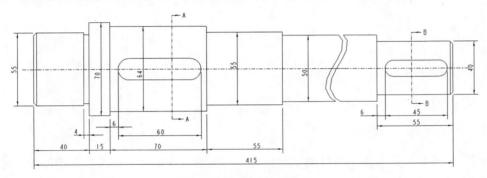

图 9-78 竖直尺寸的标注

## 4．添加直径符号及尺寸公差

（1）单击轴中最左侧尺寸"55"，弹出"尺寸"操控板。在"尺寸文本"组中单击"尺寸文本"按钮，在弹出的下滑面板中的"前缀/后缀"下方前缀空白框中输入符号"∅"，该符号可在下滑面板中的"符号"选项框中选取，效果如图 9-79 所示。

（2）单击轴中最左侧刚刚编辑的尺寸，弹出"尺寸"操控板。在"公差"组中单击"公差"下拉三角按钮，在弹出的下滑面板中选择"正交"选项$^{+0.2}_{-0.1}$，此时可在"公差"下滑面板中输入公差值，效果如图 9-80 所示。

图 9-79 添加直径符号

图 9-80 标注尺寸公差

（3）参照上述方法，添加剩余尺寸的直径符号和公差。

**5．设置参考基准**

（1）放置基准：单击"注释"选项卡"注释"组中的"基准特征符号"按钮，在如图 9-81 所示的轴最左端尺寸与边线交点处单击，向下方移动鼠标后单击鼠标中键确定，效果如图 9-82 所示。

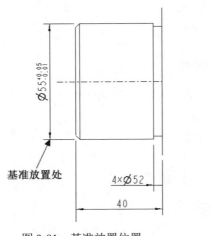

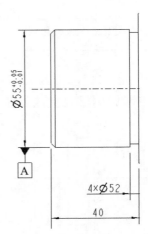

图 9-81　基准放置位置　　　　　　　　图 9-82　放置基准 A

（2）修改符号：双击创建好的基准符号，界面顶部弹出"基准特征"操控板，在其中的"标签"面板中输入字母"C"，用以区别截面符号，在空白区域单击，回到"注释"选项卡。

（3）参照上述方式标注轴的其余参考基准，效果如图 9-83 所示。

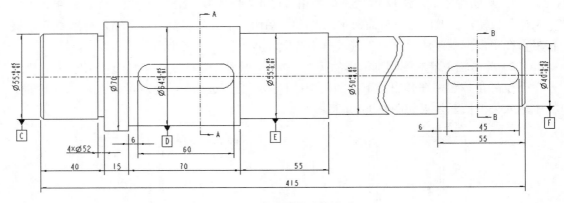

图 9-83　标注其他参考基准

**6．创建几何公差**

（1）放置几何公差：单击"注释"选项卡"注释"组中的"几何公差"按钮，在轴最左端上边单击，向上移动鼠标，在适当位置单击鼠标中键确定，效果如图 9-84 所示。

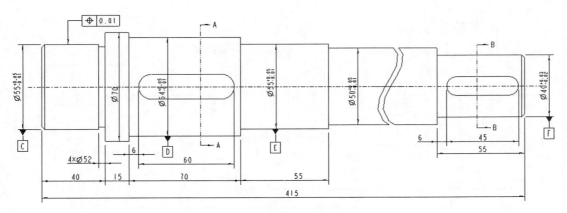

图 9-84 添加几何公差

（2）修改几何公差内容：双击创建好的几何公差，界面顶部弹出"几何公差"操控板。在"符号"组中单击"几何特征"下拉按钮，在下滑选项中选择"偏差度"选项✏；在"公差和基准"组中修改公差并添加基准符号，如图 9-85 所示。在空白区域单击完成设置，效果如图 9-86 所示。

图 9-85 "公差和基准"设置

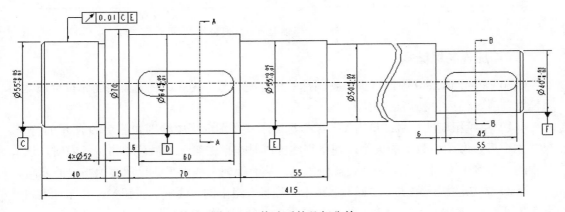

图 9-86 修改后的几何公差

（3）在同一位置处添加多种几何公差：单击"注释"选项卡"注释"组中的"几何公差"按钮▥，在之前公差下方合适位置单击放置，修改内容后如图 9-87 所示。

（4）参照上述方法完成剩余几何公差的创建，如图 9-88 所示。

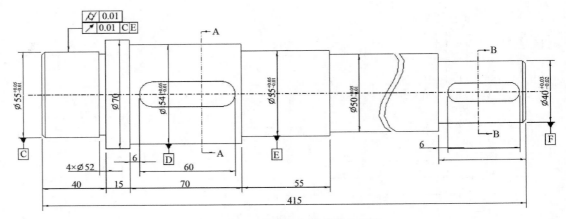

图 9-87　同一位置添加多种几何公差

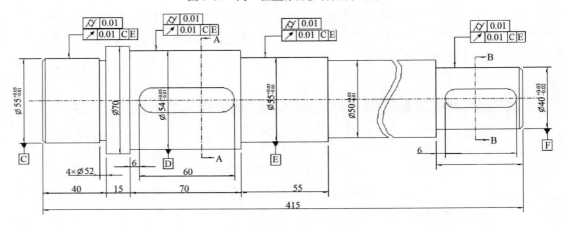

图 9-88　创建轴上所有几何公差

### 7．添加表面粗糙度

Creo Parametric 8.0 中没有提供新国标的粗糙度符号，为此，首先需要创建符合规范的粗糙度符号，然后再使用已创建符号。

（1）草绘粗糙度符号：单击"草绘"选项卡，在图形区中绘制如图 9-89 所示的符号。尺寸大小可参考图中数字的大小，使用直线绘制时在单击第一点后可单击鼠标右键，选择其中的"角度"选项，设置为 0 或其他角度，从而保证直线水平或呈现其他需要的方向。

（2）添加注解：单击"注释"选项卡"注释"组中的"注解"按钮🖹，在粗糙度符号上添加注释内容"\1.6\"，注意其中的斜杠方向，效果如图 9-90 所示。

图 9-89　粗糙度符号　　　　　　　　　　　　　图 9-90　添加注解

（3）创建符号：单击"注释"选项卡"注释"组下拉三角按钮注释▾，在弹出的下拉选项中选择"定义符号"选项🔖。弹出"菜单管理器"对话框，选择其中的"定义"选项，在弹出的"输入符号名[退出]:"框中输入"粗糙度",单击"确定"按钮,进入图形创建窗口。在图形创建窗口右侧的"菜单管理器"对话框中选择"绘图复制"选项,弹出"选择"对话框,然后框选如图 9-90 所示的内容,单击"选择"对话框中的"确定"按钮,图形出现在图形创建窗口中。

　　(4)添加属性:单击"菜单管理器"对话框中的"属性"选项,弹出"符号定义属性"对话框,如图 9-91 所示。把"允许的放置类型"选项区中的复选框全部选中,"拾取原点"全部设置为符号中三角的下顶点;在"符号实例高度"选项区单击"可变的-相关文本"单选按钮,然后单击图形窗口中的"1.6";在"属性"选项区选中"允许文本反向"复选框。单击对话框中的"可变文本"选项卡,检查可变文本是否设置成功,设置内容保持默认。设置完成后单击"确定"按钮退出"符号定义属性"对话框,再单击"菜单管理器"对话框中的"完成"按钮回到工程图窗口。在图形区框选之前的草绘图形并删除。

图 9-91　"符号定义属性"对话框

　　(5)使用自定义粗糙度符号标注:单击"注释"选项卡"注释"组中的"符号"按钮，打开"符号"操控板,单击"符号库"下拉三角按钮,选择创建好的"粗糙度"符号,在需要标注的地方单击鼠标左键,再单击鼠标中键确定。然后双击标注好的粗糙度符号,弹出"符号"操控板,双击要修改的粗糙度值,弹出文本输入框,设置粗糙度为 0.8 或 1.6,所有修改后的粗糙度如图 9-92 所示。

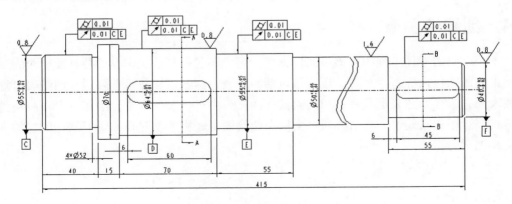

图 9-92　修改后的粗糙度

### 8. 横截面标注

参照轴的标注方法标注两横截面的尺寸、公差和粗糙度，效果如图 9-93 所示。

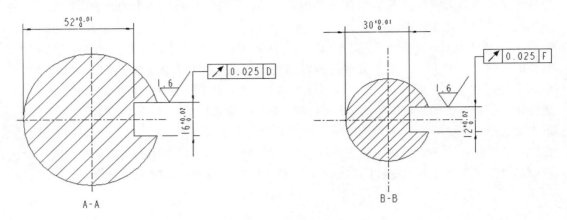

图 9-93   横截面标注

### 9. 插入技术要求

单击"注释"选项卡"注释"组中的"注解"按钮▤，在空白区域单击，输入"技术要求"；再在下方插入注释框，输入要求内容，调整好字体大小，效果如图 9-94 所示。

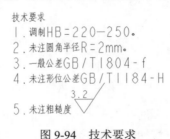

图 9-94   技术要求

### 10. 保存工程图

单击界面顶部快速访问工具栏中的"保存"按钮▤，完成轴零件工程图的标注。

## 🔺 9.4   创建绘图表

一个完整的零件工程图应该包括标题栏，可能还包括一些技术参数栏，而一个完整的装配工程图除包括标题栏之外，还应该包括明细表。标题栏、技术参数栏和明细表可通过绘图表来完成。绘图表是具有行和列的栅格，在其中可以输入文本。绘图表可以应用到绘图格式、绘图和布局中。本节将通过实例介绍绘图中表格的创建及编辑方法，创建的表格如图 9-95 所示。

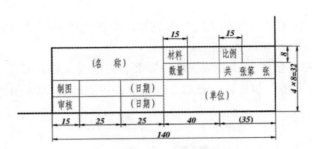

图 9-95　零件标题栏

在快速访问工具栏中单击"打开"按钮，系统弹出"文件打开"对话框，选择\DATA\ch9\
创建绘图表\绘图表.drw 文件，单击"打开"按钮。

### 1．插入表格 1

（1）单击"表"选项卡"表"组中的"表"下的倒三角按钮，在下拉菜单中单击"插
入表"按钮▦，系统弹出"插入表"对话框，如图 9-96 所示。

对话框中"方向"选项组各按钮说明如下。

❑　▨：表的增长方向向右且向下。

❑　▨：表的增长方向向左且向下。

❑　▨：表的增长方向向右且向上。

❑　▨：表的增长方向向左且向上。

（2）单击向左且向上增长按钮▨，取消选中对话框中的"自动高度调节"复选框，按
图 9-96 所示设置表的行数、列数、高度和宽度。单击对话框中的"确定"按钮，在图形区
任一位置单击放置，框选表格，拖动表格 1 的右下角控制点，使之与图框右下角重合，效
果如图 9-97 所示。

图 9-96　"插入表"对话框

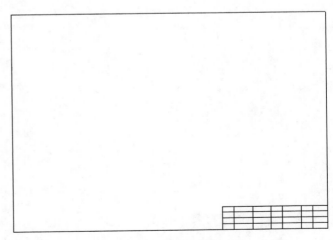

图 9-97　调整表格位置

### 2．设置单元格格式

（1）修改单元格尺寸：选中要修改的单元格，单击"表"选项卡"行和列"组中的"高

度和宽度"按钮✛，弹出"高度和宽度"对话框，取消选中对话框中的"自动高度调节"复选框，按照图 9-95 所示修改单元格尺寸。

（2）合并单元格：按住 Ctrl 键依次选中需要合并的单元格，单击"表"选项卡"行和列"组中的"合并单元格"按钮🔲，完成合并，合并内容如图 9-98 所示，合并后的表格如图 9-99 所示。

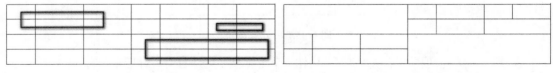

图 9-98　合并的单元格　　　　　　　　　　　图 9-99　合并后的表格

### 3．插入表格文字

（1）设置文本样式：单击"表"选项卡"格式"组旁的倒三角按钮，在弹出的下滑面板中选择"管理文本样式"选项🅰，弹出"文本样式库"对话框，如图 9-100 所示。

（2）单击对话框中的"新建"按钮，弹出"新文本样式"对话框，设置"样式名称"为"new"，在"字符"选项组中取消选中"高度"后的"默认"复选框并设置其为 5，在"注解或尺寸"选项组中设置"水平"为"中心"，"竖直"为"中间"，设置内容如图 9-101 所示。单击"确定"按钮退出，再单击"文本样式库"对话框中的"关闭"按钮，完成文本样式的新建。

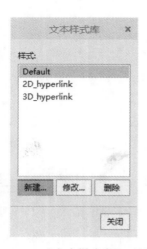

图 9-100　"文本样式库"对话框　　　　　　图 9-101　"新文本样式"对话框设置

（3）使用文本样式：单击"表"选项卡"格式"组中的"文本样式"按钮A，弹出"选择"对话框。框选整个表格，单击"选择"对话框中的"确定"按钮，弹出"文本样式"对话框，如图 9-102 所示。在"复制自"选项组中的"样式名称"下拉列表框中选择"new"选项，单击"文本样式"对话框下方的"应用"按钮，再单击该对话框中的"确定"按钮退出。单击"选择"对话框中的"取消"按钮关闭该对话框。

（4）插入表格文字：双击单元格，输入文字，完成文字输入后的效果如图 9-103 所示。

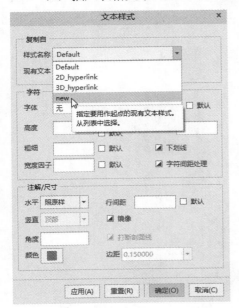

图 9-102　"文本样式"对话框

| （名称） | | 材料 | | 比例 | |
|---|---|---|---|---|---|
| | | 数量 | | 共　张第　张 | |
| 制图 | | （日期） | （单位） | | |
| 审核 | | （日期） | | | |

图 9-103　插入表格文字

## 9.5　本章小结

本章通过实例深入浅出地介绍了工程图的入门基础和提高知识，具体包括工程图的创建、工程图环境设置、绘图树、使用绘图页面、视图的创建、工程图标注和绘图表格等。其中，重点知识集中在插入视图的创建和工程图标注这两个方面。通过轴零件工程图创建、托架工程图创建以及基座工程图创建实例，介绍了一般视图、投影视图、辅助视图、详细视图、旋转视图、局部放大图、剖视图的创建步骤及方法，并对拭除视图、恢复视图、移动视图、对齐视图、在视图中插入箭头、修改边显示、编辑元件显示等视图编辑管理知识进行了串联。轴零件工程图的标注涉及的知识主要包括显示模型注释、插入尺寸、几何公差、尺寸公差、标注表面粗糙度、使用文本注释等。

## 9.6　思考与练习题

1. 如何新建一个工程图文件？什么是绘图树？绘图树与模型树有什么不同之处？
2. 什么是详细视图？如何创建详细视图？

3．如何向绘图添加新模型？

4．在工程图中，如何设置所有默认的标注文本高度和箭头的大小？

5．如何设置在工程图中显示出某特征的中心轴线？

6．如何在绘图视图中创建表面粗糙度符号？

7．如何在工程图中为选定尺寸设置显示其差异化的尺寸公差？

8．上机练习：参照 9.2 节中工程图创建的方法和步骤，创建图 9-104 所示的底座零件（\DATA\ch9\练习\底座.prt）的工程图。

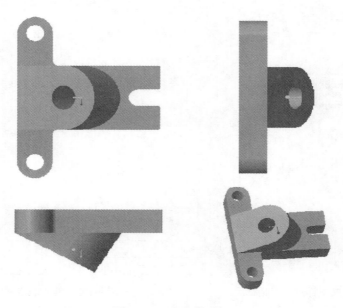

图 9-104　底座模型

9．上机练习：参考 9.3 节中工程图的标注方法及步骤，完成 9.2.2 节托架工程图的标注。

# 参 考 文 献

[1] 钟日铭. Creo 机械设计实例教程[M]. 北京：机械工业出版社，2020.

[2] 肖扬，张晟玮，万长成. Creo 6.0 从入门到精通[M]. 北京：电子工业出版社，2020.

[3] 钟日铭. Creo 6.0 完全自学手册[M]. 3 版. 北京：机械工业出版社，2020.

[4] 黄志刚，杨士德. Creo Parametric 6.0 中文版从入门到精通[M]. 北京：人民邮电出版社，2020.

[5] 北京兆迪科技有限公司. Creo 6.0 快速入门教程[M]. 北京：机械工业出版社，2020.

[6] 北京兆迪科技有限公司. Creo 6.0 高级应用教程[M]. 北京：机械工业出版社，2021.

[7] 张云杰，郝利剑. Creo Parametric 6.0 基础设计技能课训[M]. 北京：电子工业出版社，2020.

[8] 杨恩源，廖爽，杨泽曦. Creo 6.0 数字化建模基础教程[M]. 北京：机械工业出版社，2021.

[9] 梁秀娟，孟秋红. Creo Parametric 8.0 中文版机械设计自学速成[M]. 北京：人民邮电出版社，2021.

[10] 贾颖莲，何世松，李永松，等. Creo 三维建模与装配（7.0 版）[M]. 北京：机械工业出版社，2022.